Konfrontation mit der Vergangenheit

BEITRÄGE ZUR POLITIKWISSENSCHAFT

Band 93

PETER LANG
Frankfurt am Main · Berlin · Bern · Bruxelles · New York · Oxford · Wien

RAUL JORDAN

Konfrontation mit der Vergangenheit

Das Medienereignis *Holocaust* und die Politische Kultur der Bundesrepublik Deutschland

PETER LANG
Internationaler Verlag der Wissenschaften

Bibliografische Information der Deutschen Nationalbibliothek
Die Deutsche Nationalbibliothek verzeichnet diese Publikation in der Deutschen Nationalbibliografie; detaillierte bibliografische Daten sind im Internet über <http://www.d-nb.de> abrufbar.

Gedruckt mit Unterstützung des
Herbert-Wehner-Fonds der
Friedrich Ebert Stiftung, Bonn,
und der Johanna und Fritz Buch Gedächtnis-Stiftung,
Hamburg.

ISSN 0170-8384
ISBN 978-3-631-57459-1

www.peterlang.de

Danksagung

Ich bedanke mich...

...bei Nina Gessner für ihren ausdauernden und geduldigen Rat und das ebensolche Korrektur lesen der einzelnen Kapitel.

...bei Julia Jordan für die Korrektur des Gesamtmanuskriptes.

...bei Prof. Christine Landfried für den Vorschlag, diese Arbeit zu veröffentlichen und die Herausgabe des Buches.

...bei Prof. Klaus Saul für seine Fürsprache bei der Themenwahl und sein Gutachten zu der Studie.

...beim Herbert-Wehner-Fonds der Friedrich Ebert Stiftung und der Johanna und Fritz Buch Gedächtnis-Stiftung für die Förderung des Druckes.

Inhaltsverzeichnis

1. Einleitung

1979 zeigten die dritten Programme der ARD den amerikanischen Fernsehvierteiler „Holocaust“. Der Film versucht anhand zweier Familien, der jüdischen Weiss und der „arischen“ Dorf, die Geschichte der Judenverfolgung im „Dritten Reich“ darzustellen. Die Familiengeschichten dienen als Folie, um die Diskriminierung, Verfolgung und Ermordung erst der deutschen, dann der europäischen Juden anhand einer Reihe bekannter Ereignisse des Holocaust zu zeigen. Die Protagonisten durchleben als Opfer und Täter die Reichspogromnacht, Theresienstadt, Babi Yar, Auschwitz etc.

Jeder zweite Bundesbürger sah mindestens eine der vier Folgen.[1] Die Einschaltquoten übertrafen alle Erwartungen. Bei den angeschlossenen Diskussionssendungen, in denen Zuschauer Fragen an Fachleute und Zeitzeugen stellen konnten, kam es ebenfalls zu einem völlig unerwartet großen Echo. Der Film schien einen Nerv getroffen zu haben. Ausgehend von der Frage nach der Darstellbarkeit des Völkermordes in der Form einer „Familienserie“ und deren Angemessenheit angesichts des historischen Holocaust entstand eine breite Diskussion über die nationalsozialistische Vergangenheit (NS-Vergangenheit). Auch hierbei war die Anteilnahme von Zuschauern, Journalisten, Wissenschaftlern, Zeitzeugen und Politikern größer als bei allen bisherigen Auseinandersetzungen.[2] In den Wochen und Monaten nach der Ausstrahlung war es kaum möglich *nicht* mit dem Film und damit dem Thema „NS-Vergangenheit“ konfrontiert zu werden. Jahrzehntelanger politischer Aufklärungsarbeit war es zuvor nicht gelungen, eine solche Betroffenheit zu erzeugen, wie es diese Fernsehserie in wenigen Wochen vermochte.[3] Gerade Fachleute waren dabei über das Ausmaß an Unwissen, Unklarem und Unausgesprochenem erstaunt, das 35 Jahre nach Kriegsende in der bundesrepublikanischen Gesellschaft herrschte.[4] Die Wirkung des Medienereignisses „Holocaust“[5] war so groß, dass davon gesprochen wurde, die „Verschwörung des

---

[1] Magnus, U., 1979b, S. 221 ff.

[2] Märthesheimer, P./Frenzel, I., 1979.

[3] Thiele, M., 2001, S. 322.

[4] Schoeps, J. H., 1979, S. 225 ff.

[5] „Holocaust“ nicht bloß als Fernsehserie zu betrachten, sondern als Medienereignis, ist sinnvoll, weil die Wirkung für die Aufarbeitung des NS nicht nur aus der Serie selbst zu erklären ist, sondern mehrere Faktoren wie die PR-Arbeit und die Presseberichterstattung dazu beitrugen. Der Begriff „Medienereignis“ ermöglicht es, sich in einer Analyse auf alle in diesem Zusammenhang in die Öffentlichkeit getragenen Beiträge zu beziehen.

Schweigens" sei aufgebrochen worden.[6] „Holocaust" wurde mit seiner Breitenwirkung zu einem „Grundreiz"[7] für die Zuschauer, sich zu informieren und sich an Diskussionen in der Familie, in der Schule oder am Arbeitsplatz zu beteiligen.[8] Es wird heute von vielen Publizisten als Wendepunkt in der Aufarbeitung des Nationalsozialismus (NS) in Deutschland gesehen.[9] Kern dieser Argumentation ist die These, dass mit „Holocaust" das Thema der Vernichtung der europäischen Juden enttabuisiert wurde und ins Zentrum der Erinnerung an den NS rückte, in der vorher die Judenverfolgung einen gleichen Platz eingenommen hatte wie z.B. Erinnerungen an die Bombennächte, die Flucht aus den ehemaligen deutschen Ostgebieten u.ä.,[10] zusammengefasst, Ereignisse, in denen die eigenen Opfer der deutschen Bevölkerung eine mindestens ebenso große Rolle spielten, wie die Ermordung der Juden oder die Verwicklung der Deutschen als Täter.[11]

Zu den Reaktionen, die auf die Ausstrahlung der Fernsehserie erfolgten, zählte auch eine Flut von Zuschauerbriefen an den ausstrahlenden Sender Westdeutscher Rundfunk (WDR). Ca. 9000 von ihnen wurden dort, und später an der Technischen Universität Berlin (TU Berlin), archiviert. Sie bilden als Quellensammlung die Grundlage für die empirische Fallstudie innerhalb dieser Arbeit. Von großer Zustimmung zu der Serie und dem Aufgreifen des Themas insgesamt bis zu antisemitischen Ausfällen reichen die darin enthaltenen Aussagen. Viele Zuschauer benutzten auch die Gelegenheit, Gedanken zum NS allgemein oder zu dessen Bedeutung für die Gegenwart zu äußern und von eigenen Erfahrungen in den Jahren 1933-1945 zu berichten.

Die Generation der Zeitzeugen des NS wurde durch „Holocaust" mit einer Interpretation der NS-Vergangenheit konfrontiert, die ihre eigenen Erinnerungen z.T. massiv in Frage stellte. Dieser Konflikt, das Aufeinandertreffen von geschichtlicher Primärerfahrung und einem sich in Veränderung befindenden öffentlichem Gedenken, lässt sich in den Briefen beobachten. Sie bieten als thematische Quellensammlung einen zeitgeschichtlichen Einblick in den Umgang mit und die Einstellungen gegenüber dem NS, der in dieser Form sonst nicht existiert. Sie entstanden nicht als vom Sender oder Sozialforschern an- oder abgefragte Stellungnahmen, sondern aus eigener Motivati-

---

[6] Magnus, U., 1979b, S. 221 ff.

[7] Brandt, S., 1999, S. 90.

[8] Ebenda

[9] Brandt, S., 2001, S. 1.

[10] Brandt, S., 1999.

[11] Reichel, P., 2001a, S. 203 u. S. 205.

on der Verfasser. Dadurch sind Inhalt und Form sehr frei gestaltet und entsprechen den Verfassern mehr als z.B. gezielte Interviews, gleichwohl „Holocaust“ als motivierender Ausgangspunkt gegeben ist.

Viele der Briefe sind geprägt von großer Emotionalität. Auch darin spiegelt sich die Heftigkeit der Reaktion auf das „Medienereignis Holocaust“ wider. Diese besondere emotionale Qualität lässt sich nur durch eine qualitative Inhaltsanalyse erfassen. Bisher wurde eine Auswertung der Zuschauerbriefe mit dieser Methode noch nicht gemacht. Sie wird daher neue Forschungsergebnisse bringen. Die Aussagen aus Zuschauerbriefen lassen sich nicht pauschal auf die bundesdeutsche Bevölkerung übertragen. Dennoch bietet sich hier ein Einblick in die Einstellungen gegenüber, den Umgang mit und die Bewertungen der NS-Vergangenheit einer Teilgruppe in der Bundesrepublik Deutschland (BRD) zum Zeitpunkt der Ausstrahlung von „Holocaust“.

Die hier durchgeführte qualitative Inhaltsanalyse der Zuschauerbriefe ist eine historische Fallstudie zur Politischen Kultur der BRD Ende der siebziger Anfang der achtziger Jahre. Das „Medienereignis Holocaust“ stellt dabei den Ausgangspunkt dar, die an die Zuschauerbriefe gestellten Fragen greifen jedoch über „Holocaust“ hinaus. Das *zentrale Erkenntnisinteresse* richtet sich auf die Aussagen, die einen Bezug zu den Einstellungen der Zuschauer zur NS-Vergangenheit und dem Umgang mit ihr in der BRD insgesamt haben.

Die nationalsozialistische Vergangenheit ist auch heute, 60 Jahre nach dem Ende des Hitler-Regimes, ein zentraler Bezugspunkt für die Politische Kultur in Deutschland. Als negative historische Erbschaft war sie ausschlaggebend für die Legitimation der politischen Verhältnisse nach 1945,[12] und hat diese Funktion bis in die Gegenwart behalten. Sie bildet ein mahnendes Beispiel, vor dessen Hintergrund die politischen Handlungen und die Politische Kultur der Gegenwart beobachtet werden, vor dem beurteilt wird, inwieweit eine Abgrenzung von der Vergangenheit und seinen Werten erreicht wurde.

Um eine demokratische Politische Kultur zu entwickeln und eine Wiederholung der Vergangenheit zu verhindern, war (und ist) die Aufklärung über den verbrecherischen Charakter und dessen Konsequenzen ein zentraler Teil der „Aufarbeitung“ des NS.[13] Angefangen bei den Nürnberger-Prozessen bis zu der Auseinandersetzung um das Berliner Holocaust-Mahnmal (neben vielen anderen) wurde in einer jahrzehntelangen Folge öffentlicher Debatten das heutige Geschichtsbild mit dem Holocaust als Kern-Moment des NS etabliert. In dieser historischen Entwicklung, aus der heraus sich die heutige Po-

---

[12] Ebenda, S. 201.

[13] König, H., 1998, S. 379.

litische Kultur besser verstehen lässt, ist die „Holocaust"-Kontroverse ein herausragendes Ereignis.

Dabei ist „Politische Kultur" als Gegenstand nur indirekt zu erfassen und zu beschreiben. Es geht um Werte, Einstellungen, Identitäten etc., „weiche" Begriffe, deren Inhalten man sich nur rückschließend annähern kann.[14] Die Analyse von öffentlichen Debatten bietet eine Möglichkeit zu einer solchen Annäherung. Die Öffentlichkeit als Forum (u.a.) macht Politische Kultur sicht- und messbar. Das Medienereignis „Holocaust", sowie wiederum die Briefe als Bestandteil desselben gehören zu dem Prozess der öffentlichen Aufarbeitung der NS-Vergangenheit. Somit verbindet Öffentlichkeit als Schnittpunkt die Zuschauerbriefe mit dieser gesamten Entwicklung.

Der Umgang mit der NS-Vergangenheit hatte einen Vorlauf bis 1979 und ist seitdem weitergegangen. Die Auseinandersetzungen waren in ihren Formen und Bedeutungen vor „Holocaust" anders und haben sich nach „Holocaust" weiter verändert. Immer wieder führte das Thema zu heftigen Diskussionen. Unmittelbar nach dem Krieg konfrontierten (wie oben erwähnt) die Nürnberger-Prozesse die Deutschen mit den Verbrechen. Es folgten der Eichmann- und der Auschwitz-Prozess. Später Theaterstücke wie „Die Ermittlung" oder „Der Stellvertreter". In den achtziger Jahren wurde der „Historikerstreit" zu einem neuen Kulminationspunkt. Danach kamen „Schindlers Liste", die Ausstellung „Verbrechen der Wehrmacht", die Walser-Bubis-Debatte, der Konflikt um Jürgen Möllemanns Flugblatt. Die Liste ließe sich noch um einiges erweitern. Um die Zuschauerbriefe als Teil des „Medienereignisses Holocaust" besser zu verstehen, ist es daher sinnvoll, diese historische Entwicklung darzustellen.

Am Anfang dieser Studie steht das Kapitel 2 „Politische Kultur und NS-Vergangenheit". Als normativer Kern war die Ablehnung des NS *das* Gründungsmoment der BRD. In Form des Grundgesetzes wurde sie institutionalisiert. Politische Normen bedürfen aber, um eine nachhaltige Wirksamkeit zu entfalten, der Vermittlung an und der Aufnahme (oder Verinnerlichung) durch die Bürger. Nur so werden sie zu einer affektiven Verbindung zwischen politischem System und Gesellschaft. Damit ist die Frage der Ablehnung des NS eine Frage der Politischen Kultur. Als wechselseitig wirkendes Medium zwischen Gesellschaft und politischem System hat Öffentlichkeit dabei eine zentrale Funktion. In öffentlichen Auseinandersetzungen um Geschichte und

[14] Schmid, H., 2001, S. 20.

Geschichtsbilder bilden sich Normen politisch-kulturellen Handelns.[15] Diesen Zusammenhang gilt es zu erhellen.

In Kapitel 3 „Der Umgang mit der NS-Vergangenheit seit 1945" wird von der Öffentlichkeit als „Seismograf kollektiver Befindlichkeit"[16] ausgegangen. Durch die spezifischen Umgänge mit dem Thema NS-Vergangenheit zwischen 1945 und 2004, abgebildet in den öffentlichen Debatten, wird die jeweilige, epochal bestimmende Politische Kultur sichtbar. Kapitel 2 und 3 bilden Teil A der Arbeit. Die Briefe lassen sich so politisch-kulturell und historisch-politisch in einem größeren Kontext einordnen. Teil A schafft damit den weitergefassten Rahmen für die empirische Fallstudie, die in den Kapiteln 5 und 6 (Teil B) folgt.

Die Zuschauerbriefe sind Teil des Medienereignisses „Holocaust". In ihnen finden sich vielfältige Bezüge zu der öffentlichen Auseinandersetzung um „Holocaust". Diese Bezüge sind nicht zu verstehen, ohne die Umstände der Entstehung und Ausstrahlung von „Holocaust" und die Inhalte der dann folgenden Debatte zu kennen. Kapitel 5 „Das Medienereignis 'Holocaust'" stellt diesen Hintergrund dar. In Kapitel 6 „Die Zuschauerbriefe" folgt die qualitative Inhaltsanalyse der Briefe, bevor abschließend die Forschungsergebnisse der einzelnen Kapitel zusammengeführt werden.

1.1. Forschungsstand

Die im Historischen Archiv des WDR in Köln gesammelten Zuschauerbriefe kamen für eine von dem Medienwissenschaftler Friedrich Knilli geleitete Studie Anfang der achtziger Jahre an die TU Berlin. Dort wurde in einer quantitativen Analyse der „Zusammenhang von Lebenssituation und expliziten Textbezügen zu Film, Diskussion und zu beidem"[17] untersucht. Diese Studie, veröffentlicht 1983 unter dem Titel „Betrifft „Holocaust". Zuschauer schreiben an den WDR", war bisher die einzige wissenschaftliche Bearbeitung der Briefe. In Kapitel 5.6. „Die Reaktionen der Zuschauer" wird genauer darauf eingegangen.[18]

---

[15] Ebenda

[16] Berghoff, H., 1998, S. 108, Zitat wurde der neuen Rechtschreibregel angepasst.

[17] Knilli, F./Zielinski, S., 1983, S. 40.

[18] Die Knilli-Studie wird in Kapitel 5.6. für die Beschreibung der Zuschauerreaktionen verwendet. Die Ergebnisse sind dort sinnvoller untergebracht. Der WDR Redakteur Heiner Lichtenstein hat 1982 eine Auswahl von ca. 100 Zuschauerbriefen veröffentlicht. Sie

Zu dem Medienereignis „Holocaust" erschienen in unmittelbarer Folge zur Ausstrahlung eine Vielzahl von Publikationen, hauptsächlich Aufsätze.[19] Nach dieser starken publizistischen Reaktion in den Jahren 1979 bis 1982 kamen nur wenig weitere Arbeiten. Die unmittelbar konstatierte Wirkung der Serie hat keinen Niederschlag in einer kontinuierlichen wissenschaftlichen Beschäftigung mit ihr gefunden. Gleichwohl wird sie aber in der politik- und geschichtswissenschaftlichen Literatur als herausragendes Ereignis und weitgehend als Wendepunkt in der öffentlichen NS-Aufarbeitung bewertet.[20] In den meisten überblickartigen Arbeiten zum Umgang mit der NS-Vergangenheit taucht „Holocaust" als Absatz oder Verweis auf, wird dabei aber weit weniger ausführlich behandelt als z. B. der Eichmann- oder der Auschwitz-Prozess (die ebenfalls durch ihre Öffentlichkeitswirksamkeit als

---

beruht jedoch auf seinem persönlichen Eindruck und hat keinen wissenschaftlichen Anspruch (siehe ebenfalls Kapitel 5.6.). Lichtenstein, H./Schmid-Ospach, M., 1982a.

[19] Aus dem Zeitraum 1979-1982 sind als Beispiele für rezeptionswissenschaftliche Untersuchungen Tilman Ernst und Uwe Magnus zu nennen. Sie traten als Autoren im deutschsprachigen Raum immer wieder in Erscheinung und stellten (zumindest kurzfristige) Meinungsveränderungen bei den Zuschauern fest. Aus ihren Forschungen geht hervor, das der NS nach Ansicht der Serie negativer bewertet wird als vorher. Verpflichtungen zur Aufarbeitung wurden verstärkt befürwortet, weiterer Strafverfolgung stärker zugestimmt. Zum Beispiel: Magnus, U., 1979a, S. 226-240. Die Jahrgänge 1979 bis 1982 der Zeitschriften „Rundfunk und Fernsehen" und „Media Perspektiven" bieten einen guten Überblick über die medienwissenschaftliche Diskussion zu „Holocaust". Siehe neben Uwe Magnus z.B. Ernst, T., 1980.

Während die medienwissenschaftlichen Artikel sehr zahlreich sind, finden sich weniger politik- und geschichtswissenschaftliche Texte. Tenor der Arbeiten insgesamt ist die positive Wirkung von „Holocaust" für eine breite Bewusstwerdung des Themas Judenverfolgung im NS, die politisch-pädagogische Nutzbarkeit für Auseinandersetzungen mit dem NS und deren Verknüpfung mit gegenwärtigen Problemen wie Ausländerfeindlichkeit, mangelndem Demokratieverständnis etc. Siehe dafür u.a. Kühnl, R., 1979. Oder: Messerschmid, F., 1979.

Von Seiten der durch „Holocaust" in die Kritik geratenen Historiker kommen außerdem einige Reaktionen betreffend der Vermittlungsleistungen der Geschichtswissenschaft. Mit dem Vorwurf, ihre Zunft hätte sich nicht genug um die Aufarbeitung der NS-Vergangenheit bemüht oder mit ihren Mitteln nur höhere Bildungsschichten erreicht, setzen sich z.B. Hans Mommsen und Martin Broszat auseinander. Während Mommsen die mangelhafte Aufklärung mit einer unzureichenden Bearbeitung in den Medien begründet, und weniger mit der historischen Forschung, sieht Broszat in „Holocaust" vor allem die Chance, die Geschichtsvermittlung zu verbessern. Mommsen, H., 1979. Und Broszat, M., 1979. Außerdem Scheffler, W., 1979.

[20] Zum Beispiel Bergmann, W., 1997, S. 351-381; Wilke, J., 1999a, S. 660-663.; Reichel, P., 2001a.

herausragend für den Vergangenheitsdiskurs gelten[21]). Die Diskrepanz zwischen der insgesamt überschwänglichen Beurteilung der Jahre 1979-1982 und der quantitativen Berücksichtigung in der aktuellen Forschung fällt auf (Erklärungsversuche an dieser Stelle wären aber rein spekulativ). In den Debatten um die Darstellbarkeit des Holocaust taucht „Holocaust" seit 1993 im Zusammenhang mit „Schindlers Liste" wieder vermehrt auf und wird dort zumeist als breitenwirksames aber ästhetisch und historisch ungenügendes und insgesamt negatives Gegenbeispiel zu Spielbergs Film dargestellt.[22]

Von den neueren Arbeiten im deutschsprachigen Raum befasst sich Werner Bergmann in seiner Analyse „Antisemitismus in öffentlichen Konflikten" (1997)[23] in einem Kapitel mit „Holocaust". Er untersucht die Folgen der „Holocaust"-Debatte in verschiedenen gesellschaftlichen Bereichen (Politik, Medien, Kirche, Publikum). Es ist eine der wenigen, ausführlicheren Arbeiten aus politikwissenschaftlich-zeithistorischer Perspektive. Susanne Brandt vertritt in zwei Arbeiten von 2001 und 1999[24] die These, „Holocaust" hätte den Rahmen des kollektiven Gedächtnisses verändert, und sei gezielt für diesen Zweck eingesetzt worden. Der Mord an den Juden sollte einen neuen, hervorgehobenen Platz in der Erinnerung erhalten und die Schuld der Deutschen, sowie die daraus entstehende Verantwortung stärker ins Bewusstsein rücken.[25] Interdisziplinär in ihrem medien- und geschichtskulturellen Ansatz ist die 2001 abgeschlossene Dissertation „Publizistische Kontroversen über den Holocaust im Film"[26] von Martina Thiele. Anhand von 9 Filmen werden die filmische Darstellbarkeit des Holocaust und die Diskurse darüber betrachtet. Dabei widmet sie ein Kapitel der Serie „Holocaust". Viele der von ihr als Quellen verwendeten Artikel finden sich in dem Sammelband „Im Kreuzfeuer: Der Fernsehfilm Holocaust. Eine Nation ist betroffen"[27] von 1979, sind dort aber nicht wissenschaftlich bearbeitet und eingeordnet.

---

[21] Reichel, P., 2001a.

[22] Zum Beispiel Weiß, M., 2001 und die dort angeführte Literatur.

[23] Bergmann, W., 1997.

[24] Brandt, S., 2001 und Brandt, S., 1999.

[25] Brandt, S., 1999, S. 89-91.

[26] Thiele, M., 2001.

[27] In „Im Kreuzfeuer..." von Peter Märthesheimer und Ivo Frenzel findet sich eine Sammlung von Aufsätzen und Artikeln prominenter Autoren, Journalisten und Wissenschaftler. Das Spektrum öffentlicher Reaktionen zum Zeitpunkt der Ausstrahlung wird dokumentiert. Es bleibt hier aber bei einer „Momentaufnahme" des Medienereignisses, ohne weitere wissenschaftliche Einordnung oder Konzeption. Märthesheimer, P./ Frenzel, I., 1979.

Der Umgang mit der NS-Vergangenheit ist in unzähligen Büchern und Artikeln behandelt worden. Die kurze Beschreibung in dem hier vorliegenden Text kann dem nicht gerecht werden. Für die Auseinandersetzung bis 1981 ist das Buch „Nationalsozialistische Gewaltverbrechen. Die Diskussion in der deutschen Öffentlichkeit nach 1945“[28] von Peter Steinbach (1981) hervorzuheben. Er wertet die Leistung der Justiz als herausragenden Motor bei der Aufarbeitung der NS-Verbrechen. Die Strafverfolgung hätte sowohl die Forschung über die Verbrechen enorm aktiviert als auch durch die Berichterstattung einen besonderen Beitrag zur Aufklärung über die NS-Verbrechen geleistet.[29] Ebenfalls ist hier Werner Bergmann (1997) noch einmal zu nennen, wobei seine Arbeit bis ins Jahr 1989 reicht. Eine umfassende Übersicht (auch der Literatur) findet sich bei Peter Reichel (2001) “Vergangenheitsbewältigung in Deutschland. Die Auseinandersetzung mit der NS-Diktatur von 1945 bis heute“.[30] Neben zahlreichen Arbeiten von Peter Reichel zur Politischen Kultur und NS-Vergangenheit untersucht Gesine Schwan (1997) in ihrem Buch „Politik und Schuld“[31] die negativen Auswirkungen der, ihrer Meinung nach, unzureichend aufgearbeiteten NS-Vergangenheit auf Demokratieverständnis und Politische Kultur in Deutschland. Unter den neueren Arbeiten wird der Umgang mit der NS-Vergangenheit in den fünfziger und sechziger Jahren im Kontext sozial-, politik- und kulturgeschichtlicher Entwicklungen in zwei von Axel Schildt (u.a.) herausgegebenen Bänden behandelt (2000 und 1993).[32] Zeitlich weitumspannende Darstellungen aus den Jahren 1999 und 1998 bieten, neben vielen anderen, zwei Texte von Edgar Wolfrum.[33] Er beschäftigt sich mit Deutungskonflikten um Geschichte und deren Verwendung als legitimierendem Instrument der Politik. Verschiedene Aspekte einer sich

---

Friedrich Knilli veröffentliche 1982 zusammen mit Siegfried Zielinski „Holocaust zur Unterhaltung. Anatomie eines internationalen Bestsellers“ in dem sich eine Vielzahl von Informationen zu Produktion, Ausstrahlung, den Machern der Serie und Zuschauerzahlen finden. Auch werden auszugsweise einzelne Zuschauerbriefe abgedruckt und von der weiteren Bearbeitung der Briefe an der TU berichtet, jedoch ohne eine wissenschaftliche Auswertung vorzulegen. Auch hierbei handelt es sich um eine Dokumentation. Es fehlen Fußnoten, Quellenverweise sind nur unzureichend gegeben. Obwohl diese beiden Bücher keine wissenschaftlichen Arbeiten sind, geben sie einen guten Überblick über die Breitenwirkung von „Holocaust“ und den Umfang der Debatte während und kurz nach der Ausstrahlung. Knilli, F./Zielinski. S., 1982.

[28] Steinbach, P., 1981.

[29] Ebenda, S. 10-12.

[30] Reichel, P., 2001a.

[31] Schwan, G., 1997.

[32] Schildt, A./Siegfried, D./Lammers, K. C., 2000 und Schildt, A./Sywottek, A., 1993.

[33] Wolfrum, E., 1999 und Wolfrum, E., 1998.

durch den zeitlichen Abstand zum historischen Geschehen verändernden „Vergangenheitsbewältigung" behandelt Michael Kohlstruck in seinem Aufsatz „Zwischen Geschichte und Mythologisierung" (1998) in dem Band „Vergangenheitsbewältigung am Ende des zwanzigsten Jahrhunderts"[34]

Für diese Arbeit hat der Autor im Historischen Archiv des WDR und im Archiv des Zentrums für Antisemitismusforschung (ZfA) an der TU Berlin recherchiert. Zum Zeitpunkt des Recherchebeginns für die vorliegende Analyse waren die Zuschauerbriefe nicht zugänglich und der genaue Aufbewahrungsort nicht mehr allgemein, und auch nicht dem WDR als Träger der Urheberrechte, bekannt. Nach langem Zögern, und erst infolge Monate dauernder Nachforschungen und Nachfragen des Autors beim WDR, an der TU Berlin und im dortigen ZfA, wurden die Briefe an der TU Berlin „wiedergefunden" und schließlich neu archiviert. Das Material ist dadurch der Wissenschaft abermals zugänglich gemacht worden. Es befindet sich jetzt dauerhaft im ZfA und kann dort gesichtet werden.

1.2. Zuschauerbriefe als Untersuchungsgegenstand

Die öffentliche Informationsvermittlung findet sichtbar primär als „Einbahnstrassenkommunikation" statt.[35] Dabei nehmen Akteure und Publikum am Kommunikationsprozess teil, wobei das Publikum in erster Linie als Konsument der Medieninhalte wahrgenommen wird. Die massenmediale Kommunikation ist dafür ein anschauliches Beispiel. Journalisten oder andere, zumeist professionelle Medienakteure gestalten das Medienangebot. In ihrer Vermittlerrolle nehmen sie Themen auf, wählen aus, geben Inhalten mediengerechte Formen, und Informationen mittels Medium schließlich an das Publikum weiter, das diese als Rezipient aufnimmt. Akteure und Publikum sind damit beide integraler Teil der Kommunikation: Ohne Publikum gibt es keinen Informationsaustausch – und damit keine Kommunikation.

Zuschauerbriefe (ebenso wie die eng verwandten Hörer- und Leserbriefe) lassen sich in diesem Zusammenwirken als „Folgekommunikation"[36] begreifen. Sie entstehen als „dialogischer Anschluss"[37] und stellen gewissermaßen

---

[34] Kohlstruck, M., 1998.

[35] „Öffentlichkeit" und dessen Funktionsweisen werden in den folgenden Kapiteln weiter erläutert.

[36] Huth, L./Krzeminski, M., 1981, S. 71.

[37] Wenderoth, A., 1999, S. 58.

einen Sonderfall öffentlicher Kommunikation dar. Ihr Vorhandensein dokumentiert zum einen als manifestes Zeugnis den kommunikativen Prozess in seinem Gelingen.[38] Gleichzeitig setzt sich dieser Prozess mit ihnen fort. Zuschauerbriefe beziehen sich nicht nur auf vorgängige Sprechhandlungen, sondern intendieren und initiieren selber erneut Kommunikation,[39] obwohl sie, im Unterschied zu Leserbriefen, kaum direkt veröffentlicht werden. Eine Texttypologie verdeutlicht das: Zuschauerbriefe lassen sich in der Regel einteilen in (1.) *medienkritische Briefe*, in denen die Form einer Darstellung im Vordergrund steht. (2.) *Diskussionsbriefe*, in denen Inhalte, Positionen und Werte von Sendungen hinterfragt werden. In (3.) *Erweiterungsbriefen* werden eigene Berichte und Informationen, die sich nicht mit vorher erwähnten Themen auseinandersetzen, an Sendeinhalte angeschlossen. Als weitere Kategorie finden sich häufig (4.) *Informationsanfragen* nach Adressen, Material oder Kontaktvermittlung.[40] Das Interesse vieler Verfasser, aktiv am Kommunikationsprozess teilzunehmen und ihn durch Kritik zu beeinflussen wird hier sichtbar. Sie wollen Standpunkte deutlich machen oder behaupten. Zuschauerbriefe haben häufig einen argumentativen und persuasiven Impetus.[41]

Der „dialogische Anschluss", der die Zuschauerbriefe zur öffentlichen Kommunikation macht, entsteht (u. a., als erster Schritt) durch die Verwendung in den Sendeanstalten. Für die Sender haben Zuschauerbriefe vor allem eine Feedbackfunktion. Redaktionen erhalten durch sie Informationen über ihre Formate, die wiederum in die weitere Programmgestaltung einfließen.[42] Diese „umgedrehte" Kommunikation zwischen Verfasser und Sender (Redakteur) bleibt in ihrer Wirkung für den Verfasser zwar meistens ungewiss. Der Verbleib eines Zuschauerbriefes, seine Verwendung und sein Einfluss innerhalb eines Senders sind von außen kaum (oder gar nicht) erkennbar. Dennoch findet durch die Berücksichtigung der Kritik (selbst wenn nur in geringem Umfang) ein Austausch statt. Die Inhalte von Zuschauerbriefen fließen auf diesem vermittelten Weg in die öffentliche Kommunikation ein und werden zu einem Teil der Öffentlichkeit.

Die Reaktionen auf „Holocaust" funktionieren ebenfalls in dieser dialogischen Weise als Teil einer öffentlichen Auseinandersetzung. Der Wunsch an der Debatte teilzunehmen ist in ihnen „zwischen den Zeilen" immer wieder deutlich spürbar und auch als direkt ausgesprochene Absicht zu finden. Viele

---

[38] Ebenda

[39] Steyer, K., 1997, S. 65.

[40] Bucher, H.-J., 1986, S. 295 ff.

[41] Herbig, A., 1994, S. 59-100.

[42] Huth, L./Krzeminski, M., 1981, S. 45-49.

Zuschauer wollten ihre Aussagen in die Fernsehdebatten einbringen. Sie schrieben an die WDR-Redaktion, weil sie vorher in den „Holocaust“ begleitenden Sendungen mit Zuschauerbeteiligung telefonisch nicht durchkamen.[43] In den Briefen werden immer wieder Wünsche und Anregungen für weitere Diskussionen geäußert. Das Verfassen des Zuschauerbriefes beinhaltet somit die Intention, an der Debatte teilzunehmen[44] und ist teilweise gleichzeitig schriftlicher Ersatz für nicht erreichte mündliche Kommunikation.

Gleichzeitig erfüllte die Öffentlichkeit hier (vermittels der Öffentlichkeit herstellenden Medien) ihre Funktion bei der Aufnahme und Weitergabe von in der Gesellschaft vorhandenen Themen und Meinungen. Die Journalisten als Experten nahmen dabei, entsprechend ihrer Rolle in dem System Öffentlichkeit, die Auswahl und Zusammenfassung der Briefe und deren Inhalte vor. In den Diskussionen nach Ausstrahlung der einzelnen Folgen, und in dem gesamten sich anschließenden Medienereignis „Holocaust“, wurde in vielfältig aufeinander bezogenen Nachrichten, Kommentaren und Berichten auf die Zuschauerreaktionen im Allgemeinen, und auf die Flut von Briefen im Besonderen, eingegangen.[45] In dieser Hinsicht wurden die Briefe zu einem Teil der öffentlichen Diskussion gemacht. Die Briefe und deren Inhalte wurden „veröffentlicht“.

Bei der Auswertung von Zuschauerpost stellt sich immer wieder die Frage nach der Repräsentativität. Wer schreibt eigentlich? Zuschauerbriefe entstehen in der Regel als Reaktion auf *ein* Fernsehformat.[46] Unter dem Publikum findet mit dem Schreiben der Briefe gewissermaßen eine *selbstselektive Auswahl* statt, die bestimmt wird durch das besondere Interesse und Engagement eines Teils der Zuschauer. Nur die von einem Thema stärker „betroffenen“ und/oder gleichzeitig besonders aktiven Zuschauer nehmen den Schreibaufwand in Kauf.[47] Dabei ist auch zu beachten, dass ein Zugang zum Schreiben überhaupt vorhanden sein muss. Ein Zuschauer, der nie Briefe, Postkarten oder andere Texte verfasst, wird eine höhere Schwelle überwinden müssen als z.B. ein an Textarbeit gewöhnter Deutschlehrer. Bildung ist damit ebenfalls ein

---

[43] Nach der Ausstrahlung der einzelnen Folgen fanden im WDR Diskussionsendungen mit Experten statt. Zudem konnten Zuschauer sich telefonisch beteiligen. Genauer wird dies beschrieben in dem Kapitel: 4. Das Medienereignis „Holocaust“.

[44] Bergmann, W., 1994, S. 297-299 und Knilli, F./Zielinski, S., 1983, S. 369.

[45] Eine Übersicht bieten, wie bereits erwähnt, die Bücher: Märthesheimer, P./Frenzel, I., 1979. Und Lichtenstein, H./Schmid-Ospach, M., 1982a.

[46] Die Ausnahme sind Briefe, die zu beliebigen Zeitpunkten aus einer nicht sendungsbezogenen Motivation geschrieben werden.

[47] Roß, D./Teichert, W., 1977, S. 107.

einschränkendes Kriterium. Die Verfasser von Zuschauerbriefen sind also in der Regel eine selbstselektiv entstandene Teilgruppe besonders interessierter und engagierter Zuschauer zumeist *einer* Sendung.

Die hier angeführten Einschränkungen gelten auch für die Zuschauerbriefe zu „Holocaust". Es gibt zwei Arbeiten, die weitere Hinweise auf die soziodemographischen Merkmale diese Textsammlung geben. Heiner Lichtenstein sammelte ca. 5000 Briefe und veröffentlichte eine Auswahl von ca. 100. Er gibt an, dass die meisten Briefe von Frauen, Jugendlichen und evangelischen Pfarrern geschrieben worden wären.[48] Die Schätzungen entspringen aber (soweit im Buch nachvollziehbar) dem subjektiven Eindruck des Autors (siehe auch 5. 6. „Die Reaktionen der Zuschauer"). Es gibt keine wissenschaftliche Auswertung.

Quantitative Angaben zur Verfasserschaft auf der Grundlage einer wissenschaftlichen Analyse finden sich, wie bereits erwähnt, bei Friedrich Knillis Studie „Betrifft: Holocaust".[49] Von 8710 Briefen wurden 1324 ausgewählt, die für die spezifische Fragestellung der Studie nach dem „Zusammenhang von Lebenssituation und expliziten Textbezügen zu Film, Diskussion und zu beidem" verwertbar waren.[50]

Für sich genommen sind die Briefe erst einmal eine Sammlung einzelner Äußerungen. Die Verfasser nehmen darin Stellung zu der Fernsehserie „Holocaust", zu der daraus resultierenden Debatte, zur NS-Vergangenheit und zu ihrer eigenen Biografie in Bezug auf diese.

Wie gezeigt werden wird, bildet sich Politische Kultur (u.a.) in der Öffentlichkeit ab, wird mittels der Öffentlichkeit an die Gesellschaftsmitglieder weitergegeben und im öffentlichen Diskurs gestaltet. Geschichte und Geschichtsbilder sind dabei zentraler Hintergrund, „Material" und Ergebnis der Diskurse. Der Umgang mit der NS-Vergangenheit ist sowohl ein solcher historischer Hintergrund als immer auch ein öffentlicher, gestaltender Diskurs über Politische Kultur. Das Medienereignis „Holocaust" und die Zuschauerbriefe dazu sind wiederum ein Teil von beidem. In den Briefen als Teil der Öffentlichkeit bildet sich somit Politische Kultur ab. Die Verfasser bewerten in ihnen die Ereignisse, die zusammengenommen den Umgang mit der NS-

---

[48] Lichtenstein, H./Schmid-Ospach, M., 1982a, S. 12-13.

[49] Knilli, F./Zielinski, S., 1983.

[50] Ebenda, S. 36, S. 37, und S. 40. Von den verwertbaren Schreiben stammten 59.6% von Männern, 33% von Frauen. Ungefähr 72% der Verfasser wurden vor 1934 geboren. Ca. 12 % kamen 1934 oder später zur Welt. Es schrieben also mehrheitlich Männer und ältere Menschen. Ebenda, S. 105, S. 369 und S. 373.

Vergangenheit ergeben, und geben ihnen bestimmte Bedeutungen. Manchmal geschieht dies nur durch die Betonung einzelner Aspekte. Die Verbindungen zwischen Berichtetem, Bewertetem und wertendem Hintergrund sind vielfältig, die Übergänge fließend. Durch Rückschluss, Interpretation und Zusammenfassung lässt sich ein Gesamtbild herausarbeiten, das als Ausschnitt (weil „nur“ in Bezug zur NS-Vergangenheit erarbeitet) der Politischen Kultur einer gesellschaftlichen Teilgruppe (die „Zuschauerbriefeschreiber“) für einen Ort (Westdeutschland) und eine Zeit (1979) gilt.

Teil A: Theoretischer und historischer Rahmen

2. Politische Kultur und NS-Vergangenheit

Politische Umbrüche bilden ein Arbeitsfeld, bei dem der Politischen Kulturforschung als Krisendisziplin eine besondere Funktion zukommt. Die Neuformulierung oder Fortsetzung, das Wiederaufgreifen von ethischen Normen und Traditionen im Zusammenhang grundlegender politischer Veränderungen stehen hier im Mittelpunkt. 1945 war als zentrales Ereignis der deutschen (und internationalen) Geschichte ein solcher politischer Umbruch. Die Beschäftigung mit den Ursachen und Nachwirkungen des NS ist somit ein wichtiges Thema der Politischen Kulturforschung in Deutschland.[51]

Jede Generation, jede Epoche formt und verändert die Politische Kultur. Diese Veränderungen finden als Folge von Prozessen der Aufklärung und Selbstreflexion statt, die wiederum zu einer Änderung des politischen Bewusstseins führen (sollen).[52] Eine solche Entwicklung ist bei der „Holocaust"-Kontroverse zu beobachten. Sie ist insofern ein kommunikativer, öffentlichkeitswirksamer Vorgang innerhalb des Umganges mit der NS-Vergangenheit, die die Politische Kultur in Deutschland beeinflusst hat.

2.1. Politische Kultur

Der Begriff Politische Kultur entstammt den Arbeiten amerikanischer Strukturfunktionalisten der fünfziger und sechziger Jahre. Sie beschäftigten sich mit Bedingungen der Stabilität demokratischer Regierungsformen in modernen Industriestaaten. Ausgangspunkt ihrer Arbeiten war die Frage, weshalb in der Zwischenkriegszeit trotz vergleichbarer sozioökonomischer Krisen einige Demokratien, vor allem die USA und Großbritannien, ihre demokratischen Systeme aufrecht erhielten, in Ländern wie Deutschland und Italien aber autoritäre Regime an die Macht kamen. Wenn die materiellen Bedingungen vergleichbar waren, musste es andere Faktoren geben, die politische Stabilität in den einen Ländern erzeugten oder erhielten, während in anderen die Verankerung demokratischer Strukturen labil war.[53] Es stellte sich die Frage nach den

[51] Greiffenhagen, M., 2002, S. 388 f.

[52] König, H., 1998, S. 385.

[53] Schwan, G., 1997, S.164 f.

kognitiven und affektiven Verbindungen zwischen Bürgern und politischem System. Gab es eine Identifikation mit dem jeweiligen politischem System und wenn ja, wie tief war sie? Ausgangspunkt und Standardwerk dieser Forschungsrichtung wurde die 1963 veröffentlichte Studie „The Civic Culture“[54] von Gabriel A. Almond und Sidney Verba. Anhand von Umfragedaten aus fünf Ländern (USA, Großbritannien, Mexiko, Italien und der Bundesrepublik Deutschland) wurde versucht, diese Verbindungen in ihren einzelnen Dimensionen und Bestandteilen aufzuschlüsseln. Für Deutschland war das Ergebnis eher ernüchternd. Es gab zwar eine Zufriedenheit mit dem Output des politischen Systems, aber wenig affektive Zustimmung. Eine weitere Unterstützung bei geringerem materiellen Nutzen (den Deutschen ging es in Folge des „Wirtschaftswunders“ gut) schien fraglich.[55] Trotz der Bedeutsamkeit dieser Erkenntnisse gerade für das postdiktatorische Deutschland fand der Begriff Politische Kultur lange Zeit kaum Eingang in den deutschen akademischen Forschungsbetrieb. Erst seit den achtziger Jahren findet eine intensive Rezeption statt. Mittlerweile ist „Politische Kultur“ dabei neben der wissenschaftlichen Verwendung auch als Alltagsbegriff in den Sprachgebrauch eingegangen.[56]

Die subjektiven Dimensionen der Politik sind das Feld der Politischen Kulturforschung. Begriffe wie Werte oder Werthaltungen (Grundüberzeugungen), Einstellungen (längerfristig) und Meinungen (kurzfristig) oder auch politische Mentalität werden verwendet.[57] Es wird danach gefragt, welche Werthaltungen in einer Gesellschaft in dem Sinne gelten, dass sich die Gesellschaftsmitglieder in ihrem Handeln tatsächlich an ihnen orientieren.[58] Auf der Handlungsebene sind damit auch Verhaltensmuster als Teil der Politischen Kultur zu verstehen. Daraus folgend ergeben sich die Fragen nach der Identifikation der Bürger mit dem politischen System und dessen Legitimation: Wie werden ein politisches System und seine Repräsentanten bewertet? Gibt es eine Unterstützung/Ablehnung in der Bevölkerung und aus welchen Gründen? Dies sind, verkürzt, die dabei zu stellenden Fragen. *Politische Kultur* bezeichnet in diesem Sinne das Verteilungsmuster aller Orientierungen einer Bevölkerung gegenüber dem politischen System. Die *Politische Kulturforschung* sucht nach den Verbindungen zwischen politischer Orientierung und politischem Handeln.

---

[54] Almond, G., 1963.

[55] Ebenda, S. 429.

[56] Rohe, K., 2000, S. 321 f.

[57] Greiffenhagen, M., 2002, S. 387.

[58] Pappi, F., 1986, S. 289 und 282 f.

Als Hintergrund der Verteilungsmuster spielen Sozialisationsprozesse und kollektive Erfahrungen von Gesellschaften eine zentrale Rolle. Geschichte als Bedingung kollektiver Sozialisation ist aus der Politischen Kulturforschung deshalb nicht wegzudenken. Werthaltungen, Einstellungen und Meinungen sind sowohl auf der individuellen als auch auf der kollektiven Ebene gebunden an Tradition, Geschichte und Erinnerung.[59] Die spezifischen Erfahrungen einer Gesellschaft erzeugen spezifische Erwartungen und Befürchtungen und, wechselwirksam, spezifische Interpretationen der Geschichte (Geschichtsbilder). Unter anderem durch den Abgleich mit diesen Geschichtsbildern erfolgt eine Bewertung politischer Systeme. Daraus wiederum entsteht, bei einer positiven Beurteilung, Legitimation und Identität. Auch bei einer Beschäftigung mit gegenwartsbezogenen Fragen sind die historischen Erfahrungen als prägender Hintergrund immer vorhanden. Politische Kulturforschung mit einer längerfristigen Perspektive bedarf der historischen Dimension daher um so mehr. Gleichzeitig ist eine Politische Kultur durch ihre Bindung an eine spezifische und, weil Geschichte gewordene, nicht wiederholbare Erfahrung selbst gebunden an Zeit, Ort und Generation. Sie ist damit kein fester Zustand, sondern einer steten Entwicklung unterworfen. Eine zu untersuchende Politische Kultur hat ihre Gültigkeit nur für einen Ort und einen Zeitpunkt,[60] als Teil der Geschichte, und somit erfahrungsstiftend, aber wiederum Bedeutung für die Gegenwart und die Zukunft.

Politische Kulturen haben keinen eigenen „Körper", der untersucht werden könnte, sie bilden sich in verschiedenen Kontexten ab. Sichtbare Manifestationen (z.B. Texte, Umfragedaten, Denkmäler, Architektur) verweisen auf latente politische Singehalte.[61] Die Beschreibung einer Politischen Kultur ist somit nur indirekt, durch die Interpretation anderer Quellen möglich. Der methodische Zugang leitet sich ab aus dem Fokus des Forschungsinteresses. Wo finden sich Aussagen, aus denen auf die Werthaltungen, Einstellungen, Meinungen und Verhaltensmustern der zu untersuchenden Gruppe rückgeschlossen werden kann? Welcher Untersuchungszeitraum und Ort lässt sich anhand welcher Quellen erforschen? Gerade bei der Beschäftigung mit langfristigen Entwicklungen oder den Politischen Kulturen vergangener Zeiten sind dabei oftmals andere Quellen als Umfragedaten notwendig, denn diese können nicht rückwirkend erhoben werden. Zudem haben Quellen, die nicht als Antworten innerhalb eines Forschungskonzeptes entstanden sind, den Vorteil, Abbildungen von Orientierungen zu liefern, die bei vorgefertigten

[59] Schmid, H., 2001, S. 20.
[60] Reichel, P., 1985, S. 126.
[61] Schmid, H., 2001, S. 20.

Fragen nicht zu erfassen sind. Kulturelle „Selbstverständlichkeiten“ sind oftmals nicht abfragbar, weil sie, als Selbstverständlichkeit, unreflektiert ablaufen.[62]

Wie oben beschrieben unterliegen Politische Kulturen durch ihre Gebundenheit an Zeit und Ort einer ständigen Veränderung. Kontinuierlich findet ein Einigungsprozess über allgemein geltende Normen und daraus resultierende Verhaltensweisen statt, z.B. darüber, was und in welcher Weise öffentlich gesagt werden darf, ohne sanktioniert zu werden. Als gesellschaftlicher Prozess braucht ein solcher *permanenter Diskurs* die Öffentlichkeit als gesellschaftsweit vermittelndes Medium.

2.2. Politische Kultur und Öffentlichkeit

Der hier verwendete Begriff von Öffentlichkeit bezeichnet ein Kommunikationsforum zur Aufnahme, Artikulation und Vermittlung von Informationen, Meinungen und Interessen. Akteure sind Personen, Gruppen und Institutionen, die Themen und Meinungen in das Interaktionssystem Öffentlichkeit einbringen. Neben den Akteuren („Sprechern“), die die Themen und Meinungen setzen, nimmt das „Publikum“ als passiver Zuhörer am öffentlichen Kommunikationsprozess teil. Öffentlichkeit ist gekennzeichnet durch die Zugänglichkeit für alle Mitglieder einer Gesellschaft,[63] und kann in diesem Sinne in allen gesellschaftlichen Bereichen entstehen, die, prinzipiell, für alle Mitglieder einer Gesellschaft offen sind; D.h. im Gegensatz zur Privatsphäre haben „Fremde“ die Möglichkeit teilzunehmen. Schon beim Gespräch auf der Straße oder in der Kneipe kann sie sich als „kleine Öffentlichkeit“[64] bilden. In größerer Form entsteht sie bei allgemein zugänglichen Veranstaltungen, wie z. B. Wahlkampfkundgebungen oder als „Massenmediale Öffentlichkeit“, die durch ihre Reichweite in modernen Gesellschaften die wichtigste Arena öffentlicher Kommunikation darstellt.[65] Dabei ist zu beachten, dass die Medien (Zeitung, Kneipe, Versammlung) nicht die Öffentlichkeit sind, sie stellen Öffentlichkeit her. Zudem sind sie auch selbst Akteur, wobei die Journalisten als Medienmacher eine Expertenrolle einnehmen: Das Material der Öffentlich-

[62] Rohe, K., 2000, S. 331.
[63] Gerhards, J./Neidhardt, F., 1991, S. 45.
[64] Ebenda, S. 50.
[65] Ebenda, S. 50-56.

keit ist allgemeinverständliche Kommunikation. Es ist also „laienorientiert". Journalisten gewährleisten die Allgemeinverständlichkeit.[66]

Massenmedien können dabei gewissermaßen als „Seismografen kollektiver Befindlichkeiten"[67] gelten: Das Publikum ist zwar zur Meinungsbildung auf den „input" der Journalisten angewiesen, gleichzeitig erfordern der kommerzielle Druck und/oder die verbindlichen Aufgaben öffentlich-rechtlicher Anstalten auf Seiten der Medienmacher gesellschaftliche Deutungs- und Wahrnehmungsmuster zu berücksichtigen. Die Themensetzung erfolgt also nicht nur „von oben nach unten". Im Zusammenspiel von politischen und ökonomischen Interessen der Öffentlichkeitsakteure und dem Unterhaltungs- und Orientierungsbedürfnis des Publikums wird die Kommunikation (Themen und Meinungen) bestimmt.[68]

Innerhalb des politischen Systems dient Öffentlichkeit als Kommunikationsforum der Vermittlung zwischen Politik und Gesellschaft. Das politische System wird über sie, idealtypisch, an die Bürger rückgekoppelt. Ohne die massenmedial vermittelten Informationen können Politik und ihre Alternativen nicht kritisch beurteilt und kontrolliert werden. Umgekehrt beobachten Parteien und Politiker durch die Öffentlichkeit, welche Themen, Interessen und Meinungen in der Gesellschaft (bzw. beim Wähler) vorhanden sind und bearbeitet werden sollten.[69] Gleichzeitig bietet die Öffentlichkeit dabei ein Forum für Akteure (neben Politikern, Bürger, Interessen- oder gesellschaftliche Gruppen), um um die „Gunst des Publikums" zu werben.[70] „Sprecher" mit bestimmten Themen und Meinungen versuchen, über die Vermittlung von „Kommunikateuren" ein „Publikum" zu finden, von ihren Anliegen zu überzeugen und Zustimmung zu erreichen.[71] Wählerstimmen oder die Bearbeitung bestimmter Probleme können ebenso dazugehören, wie spezifische Formen des Sprechens oder Wissensbestände durchzusetzen.

Durch Fokussierungen auf bestimmte Themen und eine Vereinheitlichung der Meinungsäußerungen entsteht die öffentliche Meinung, die die Öffentlichkeit prägt[72] (und nicht zu verwechseln ist mit der Bevölkerungsmeinung, verstanden als demoskopisches Aggregat der in einer Bevölkerung mehrheit-

---

[66] Ebenda, S. 47.

[67] Berghoff, H., 1998, S. 108.

[68] Neidhardt, F., 1994, S. 7.

[69] Gerhards, J./Neidhardt, F., 1991, S. 39.

[70] Ebenda, S. 40.

[71] Neidhardt, F., 1994, S. 7.

[72] Ebenda, S. 7.

lich vertretenen Einstellungen).[73] Öffentliche Meinung ist öffentlich kommunizierte Meinung, und zwar die durch die Medien vermittelte herrschende Meinung unter den Öffentlichkeitsakteuren, den für das Publikum wahrnehmbaren Sprechern. Unter „herrschend" wird hier verstanden, dass bei einer geäußerten Abweichung von den in der herrschenden Meinung implizierten Feststellungen, Begründungen, Bewertungen und Folgerungen bei einer Mehrzahl anderer Sprecher ein Widerstand ausgelöst wird, der zu einer Marginalisierung der Abweichung und des abweichenden Sprechers führt, oder zumindest zu einem Prestigeverlust für ihn.[74] Die öffentliche Meinung als in der Öffentlichkeit herrschende Meinung besitzt dadurch eine relative Autorität, aus der sich eine Orientierungsfunktion ergibt. Sie verleiht der in einer demokratischen Gesellschaft vorhandenen Vielzahl von Meinungen eine gewisse Ordnung und Struktur.[75]

Zusammenfassend erfüllt Öffentlichkeit also eine Reihe von Funktionen: Sie dient der gegenseitigen Information über in der Gesellschaft vorhandene Themen, Meinungen und Bearbeitungswünsche zwischen allen gesellschaftlichen Gruppen, z. B. politischem System, Bürgern, Interessengruppen usw. (1. Ressourcenfunktion). Durch Vermittlung von Informationen über die Leistungsfähigkeit des politischen Systems (gekoppelt an Wahlpräferenzen als Druckmittel) ermöglicht sie Kontrolle (2. Kontrollfunktion). Für Öffentlichkeitsakteure ist sie ein Ort der Themenlancierung und Meinungsdurchsetzung (3. Operative Funktion). Themensetzung und die Erzeugung von Bearbeitungsdruck können Veränderungen in der Politik und beim Publikum bewirken (4. Innovationsfunktion). Politische Kultur und Öffentlichkeit sind hierbei (und darüber hinaus) in verschiedener Weise miteinander verbunden. Durch die spezifischen Interessen, Aufgaben und Funktionsweisen der Medien ist Öffentlichkeit als intermediäres Forum auch ein „Seismograf kollektiver Befindlichkeiten" (siehe S. 18). Wie erläutert ist Politische Kultur nur indirekt zu erfassen. In der Öffentlichkeit transportierte Informationen zu politisch relevanten Themen lassen Rückschlüsse auf die Politische Kultur zu. Anknüpfend an die Ressourcenfunktion (1.) bildet sich in der Öffentlichkeit Politische Kultur ab. Gleichzeitig entsteht sie dabei in ihr. Der Diskurs um die geltenden Normen findet in der Öffentlichkeit statt. Werte, Einstellungen, Meinungen und Verhaltensweisen werden von den Akteuren des Systems Öf-

[73] Öffentliche Meinung und Bevölkerungsmeinung weichen oftmals voneinander ab. Gerade auch dann, wenn Journalisten einen „Erziehungsauftrag" wahrnehmen, wie dies im Umgang mit der NS-Vergangenheit häufig der Fall war.

[74] Neidhardt, F., 1994, S. 26.

[75] Gessner, N., 2000, S. 23.

fentlichkeit thematisiert und in die „Arena“ getragen. Im Diskurs entstehen, verschwinden und festigen sich Orientierungen. (siehe 3. Operative Funktion).

Als weitere Funktion darüber hinaus ist Öffentlichkeit als Vermittlungssystem ein „Ort“ durch den politische Sozialisation (mit-) bewirkt wird (5. Sozialisationsfunktion).[76] „Sozialisation“ wird hier verstanden als ein Prozess, durch den ein Individuum in eine soziale Gruppe eingegliedert wird, *„indem es die in dieser Gruppe geltenden sozialen Normen, insbesondere die an das Individuum als Inhaber bestimmter Positionen gerichteten Rollenerwartungen, die zur Erfüllung dieser Normen und Erwartungen erforderlichen Fähigkeiten sowie die zur Kultur der Gruppe gehörenden Werte, Überzeugungen usw. erlernt und in sich aufnimmt.“* [77] „Politische Sozialisation“ als Fortführung des Begriffes bzw. Spezifizierung wiederum bedeutet die Weitergabe der Politischen Kultur einer Gruppe an ein zu dieser Gruppe gehörendes Individuum., d.h., die Vermittlung und Aufnahme der in der Gruppe vorhandenen und bestimmenden politisch relevanten Werte, Einstellungen, Meinungen und Verhaltensweisen.[78] Genau dies geschieht (auch) in der Öffentlichkeit[79] für die von einer Öffentlichkeit erreichte, bzw. an ihr teilnehmende Gruppe. Setzen wir den Gedankengang fort, heißt das: Wird in einer landesweiten Öffentlichkeit eine Debatte geführt über politisch relevante Themen etc. (z. B. Antisemitismus) werden in Folge, im besten Fall, die landesweit vorhandenen Werte, Einstellungen und Meinungen zum diskutierten Thema vermittelt und, durch die öffentliche Meinung als herrschende Meinung, *bewertet.* Die öffentliche Meinung als prägender Faktor der Öffentlichkeit gibt Orientierung, was akzeptiert ist und was nicht. Die Annahme dieser herrschenden Normen, Werte und Meinungen bewirkt (idealtypisch) die Zugehörigkeit zur Gruppe. Öffentlichkeit dient also auch der Vermittlung bzw. Weitergabe politischer Normen etc. an die und zwischen den Gesellschaftsmitgliedern. Als „Arena“ der gesellschaftsweiten Kommunikation politisch relevanter Informationen, Themen und Meinungen, sowie deren Bewertung durch die öffentliche Meinung sozialisiert sie damit politisch.

---

[76] Wittkämper, G. W./Bellers, J., 1985, S. 615.

[77] Fuchs-Heinritz, W., 1995, S. 615.

[78] Ebenda, S. 616. Und Schmidt, M., 1995, S. 754.

[79] Dabei ist zu beachten, dass Sozialisierungsprozesse in verschiedenen gesellschaftlichen Zusammenhängen stattfinden. Familie, Schule und Arbeitsplatz haben z.B. wichtige Sozialisierungsfunktionen. Sozialisation als Gruppenprozess erfolgt aber auf verschiedenen Ebenen, von denen Öffentlichkeit zur Vermittlung der gesellschaftsweit, also über den privaten Zusammenhang heraus, bestimmenden Normen etc. von Bedeutung ist.

2.3. Politische Kultur und der Umgang mit der NS-Vergangenheit

Die Ablehnung des NS als *normativer Kern* einer Nachkriegsgesellschaft spielte im Aufbau der BRD eine zentrale Rolle (und spielt sie bis heute). Der NS und seine Gewaltverbrechen waren als Mahnung unentbehrlich für die Legitimation der politischen Verhältnisse nach ´45.[80] Die Veränderung der Politischen Kultur war somit (neben dem Umbau des Politischen Systems, der „Wiedergutmachung", und der Verfolgung der NS-Straftätern) ein zentraler Teil der „Bewältigung" der Folgen des Nationalsozialismus mit dem Ziel eine Wiederholung dieser Vergangenheit zu verhindern.[81] Die institutionelle Etablierung des neuen demokratischen Systems in West-Deutschland musste durch eine Akzeptanz desselben in der Bevölkerung gestützt werden.

Versteht man eine Politische Kultur als Verteilungsmuster aller Orientierungen gegenüber einem politischen System und stellt sie sich vor als affektive Verbindung zwischen den Bürgern und diesem System, entstanden unter der Bedingung spezifischer zeitlicher und örtlicher Sozialisation, leiten sich daraus mehrere Fragen für den Umgang mit der NS-Vergangenheit ab: Welche affektive Verbindung war bisher zwischen Staat und Bevölkerung, also (auch) „Drittem Reich" und „den Deutschen" vorhanden? Wie groß war und auf welche Weise funktionierte die Identität zwischen dem nationalsozialistischem Regime und seinen Bürgern? Welche Orientierungen setzten sich aufgrund welcher Sozialisationsprozesse nach 1945 fort? Und daraus abgeleitet: Wie ist (oder war) die Etablierung (oder der Erhalt) einer neuen demokratischen Orientierung vor diesem Hintergrund zu erreichen? Der Aktualitätsbezug ist dabei heute ein anderer als 1945. Das Thema der Identität und Legitimation demokratischer Ordnungen vor dem Hintergrund einer verbrecherischen Vergangenheit bleibt aber bedeutsam.

Wenn die Politische Kulturforschung also danach fragt, welche Werte, welche Vergemeinschaftung und welche Herrschaftsordnung in dem Sinne gelten, dass sich die Systemmitglieder an ihnen in ihrem Handeln orientieren,[82] stellt sich im Zusammenhang mit der NS-Vergangenheit immer auch die Frage, inwiefern eine Abgrenzung von dieser Vergangenheit und eben ihren Werten stattgefunden hat. Dabei bildet die NS-Vergangenheit einen Reflexionsfilter für die Politische Kultur.[83] Sie ist ein wichtiger Hintergrund vor

---

[80] Reichel, P., 2001a, S. 201.

[81] König, H., 1998, S. 379.

[82] Pappi, F., 1986, S. 289 und S. 282 f..

[83] Hockerts, H. G., 2001, S. 22 und König, H., 1998, S. 385.

dem das politische Geschehen beurteilt wird. Bis heute ist diese „Negativfolie" ein Kriterium zur Bewertung der Gegenwart geblieben, in Deutschland und international. Diese Funktion wiederum ist nur zu erfüllen im Zusammenhang einer ständigen (oder zumindest jede Generation erreichenden) Aufklärung. Ein Vergleich zwischen Vergangenheit und Gegenwart ist ohne Kenntnis der Vergangenheit nicht möglich. Das Wissen um die Vergangenheit dient der Selbstvergewisserung in der Gegenwart. Gesellschaftlich bedeutet dies: Wo stehen wir als Gemeinschaft im Kontext unserer historischen Entwicklung?

Deutschland erlebte mit dem Ende des Dritten Reiches einen Zusammenbruch der Identifikationsmöglichkeiten der Deutschen als Deutsche bzw. mit der „Deutschen Nation". Die Versuche, den Aufstieg und die Herrschaft des NS zu verstehen, förderten Entwicklungen und tief verankerte Denk- und Verhaltensmuster zutage, die kaum Raum ließen für positive kollektive Orientierungen an Traditionen und Ereignissen der deutschen Geschichte. Die Katastrophen des Massenmordes und Zusammenbruches ließen die nationale Entwicklung bis ´45 wie einen gescheiterten, ins Verberben führenden Vorlauf erscheinen. Antidemokratische und antisemitische Traditionen wurden ebenso sichtbar wie die Wehrlosigkeit gegenüber der totalitären Diktatur. Die Niederlage im I. Weltkrieg und der Zusammenbruch der Weimarer Republik wurden in der folgenden Geschichtsdeutung zu Ausgangspunkten der späteren Katastrophen.[84]

Die von den Alliierten eingeleitete, dann nach 1949 durch die BRD fortgesetzte normative Zwangsumorientierung, institutionalisiert durch die Verfassungsgebung, setzte sich erst als jahrzehntelanger Lernprozess auch in der Politischen Kultur durch.[85] Um vor dem historischen Hintergrund negativ erscheinende Normen (z.B. antidemokratische Traditionen) zu hinterfragen, ist es notwendig, die Tradierungszusammenhänge aufzuzeigen. Entgegen einer unbewussten Übernahme können so Normen und Verhaltensweisen bewusst verworfen, übernommen oder wiederaufgenommen werden. Die Aufklärung, also die in Kenntnissetzung über den verbrecherischen Charakter des NS, war (und ist) damit eine der wichtigsten Aufgaben der vergangenheitspolitischen Auseinandersetzung in Bezug auf die Entwicklung einer demokratischen Politischen Kultur in Deutschland.

---

[84] Schmid, H., 2001, S. 60.

[85] Ebenda, S. 60 f.

3. Der Umgang mit der NS-Vergangenheit in der deutschen Öffentlichkeit

Das Medienereignis „Holocaust“ wurde 1979 von der öffentlichen Meinung (wie sie in der Presse dargestellt wurde) als ein Wendepunkt in der „Aufarbeitung“ des NS wahrgenommen. Von da an sollte es ein „Vor-“ und ein „Nach-Holocaust“ geben (Siehe Kapitel 5.). Um eine solche Einschätzung zu überprüfen, muss eine historische Einordnung des Ereignisses vorgenommen werden. Hier soll daher die Diskussion über den Nationalsozialismus und den Holocaust als Bestandteil einer Geschichte der Politischen Kultur der Bundesrepublik Deutschland nachgezeichnet werden.

Öffentliche Debatten über den NS bedurften immer eines Anlasses, oftmals eines Skandals. Das ist bis heute so. Die Auseinandersetzungen greifen aber von einem einzelnen Thema ausgehend immer wieder in weitere, allgemeinere Fragen zum Umgang mit dem NS und seiner Bedeutung für die Gegenwart. „Holocaust“ selbst ist ein Beispiel dafür, ebenso, vorangehend, z.B. der Auschwitz-Prozess, oder nachfolgend die Debatte um „Schindlers Liste“. Es gibt derer Ereignisse viele. Eine Aufzählung aller „wichtigen“ Diskussionen wäre allerdings uferlos, und würde den Rahmen dieser Arbeit sprengen. Der Blick auf einzelne herausgenommene Ereignisse bringt gleichwohl Erkenntnisse über die gesamte Entwicklung, die dabei ebenfalls im Auge behalten werden soll. Notwendigerweise ist dies aber auch eine Beschränkung.

Die Berichterstattung und Kommentierung der justiziellen Aufarbeitung des NS bildet einen wichtigen Teil der öffentlichen Auseinandersetzung. Dazu gehören die alliierten Strafprozesse, die Entnazifizierung und die Verjährungsdebatten. Daneben gibt es aber auch Diskussionen, die durch Theaterstücke, Filme, wissenschaftliche Publikationen, politische Skandale oder andere Geschehnisse wie 1959 die Schändung der Kölner Synagoge ausgelöst wurden. Entscheidend für die Auswahl ist hier die Anschaulichkeit und Bedeutung für die Entwicklung der Diskussion.

„Holocaust“ ist in Deutschland maßgeblich ein Ereignis in der BRD gewesen. Reaktionen aus der Deutschen Demokratischen Republik (DDR) waren sehr spärlich. Zumindest die, die in die Öffentlichkeit gelangten. Die Debatte wurde im Westen ausgelöst und bezog sich (zum allergrößten Teil) auf ihn, ebenso stammen die Zuschauerbriefe (abgesehen von vereinzelten, unrelevanten Ausnahmen) aus dem Westen.[86] Die historische Verortung von „Holocaust“ ist deshalb gleichzeitig eine geographische, in der BRD.

---

[86] In der Stichprobe der Quellensammlung für die hier vorliegende Arbeit wurde kein Brief aus der DDR gefunden.

3.1. 1945-1958: Das Beschweigen der Vergangenheit

Die fünfziger Jahre gelten heute weitgehend als eine Zeit der Verdrängung der NS-Vergangenheit. Diesem „kommunikativen Beschweigen“[87] und „Nichtwissenwollen“ ging jedoch eine kurze Phase (bis ca. 1948) der Auseinandersetzung mit dem gerade untergegangenen „Dritten Reich“ voraus. Sie war noch nicht charakterisiert durch die relativ geschlossene und auch in der Öffentlichkeit sanktionierte Konzentration auf die Gegenwart und die reduzierte Wahrnehmung der Vergangenheit. Wenn auch die Mehrheit der Bevölkerung mit sich selbst und der unmittelbaren Not der Nachkriegszeit beschäftigt war, so war doch die Übereinstimmung im Beschweigen noch nicht in dem Maße gegeben wie in den fünfziger Jahren. Diese erste kurze Phase wurde geprägt von der Meinungsführerschaft antinationalsozialistischer Protagonisten, die für einen gesellschaftlichen und politischen Neuanfang eine offensive Auseinandersetzung mit der Vergangenheit als Bedingung sahen.[88] Das neue politische, und auch publizistische Establishment war bestimmt von einem relativ breiten Konsens über die Ablehnung und Distanzierung vom Nationalsozialismus.[89] Im Zuge der Entnazifizierung besetzten anfangs Antifaschisten, zurückgekehrte Emigranten und diejenigen, die die NS-Zeit unbelastet von persönlicher Schuld überstanden hatten, die einflussreichen Stellungen in Verwaltung, Wirtschaft und Medien. Gleichzeitig wurde die zeitweilige Ausschaltung eines Großteils der NS-Kader erreicht. Beides trug bei zu einem Glauben an die Möglichkeiten einer größeren Reform.[90] Von dem Willen zur Aufarbeitung der NS Vergangenheit zeugen auch Bemühungen, wie z.B. die zahlreichen Diskussionen in einer Vielzahl neugegründeter kultur-politischer Zeitschriften wie „Der Ruf“.[91] Gleichwohl handelte es sich dabei weitgehend um die Anstrengungen einer intellektuellen Elite, die versuchte, Lehren aus der Vergangenheit zu ziehen.

Die Aktivitäten der Alliierten verursachten und bestimmten in den ersten Jahre nach dem Krieg die Auseinandersetzung. Bei den Nürnberger Prozessen ab November 1945[92] wurden die Ausmaße der Verbrechen deutlich, wenn auch noch nicht, wie viele Personen in verschiedenster Form beteiligt waren. Die Ermittlungen der Justiz und die umfassende Berichterstattung in

---

[87] Thamer, H.-U., 1998, S. 42.
[88] Garbe, D., 1993, S. 694.
[89] Thamer, H.-U., 1998, S. 42.
[90] Garbe, D., 1998, S. 697.
[91] Ebenda, S. 698. Und Koebner, Th., 1987, S. 304.
[92] Reichel, P., 2001a, S. 47.

der Presse führten zu einer Aufklärung über den verbrecherischen Charakter des Nationalsozialismus, der danach in öffentlichen Debatten nicht mehr abgestritten werden konnte.[93] Dieser Konsens ist aus heutiger Sicht so selbstverständlich, dass es fast befremdlich wirkt, ihn zu benennen. Trotzdem musste diese Aufklärung über den NS erst geleistet werden und war eine Bedingung für die weitere und vollständige Diskreditierung desselben. Gleichzeitig begünstigten die Nürnberger Prozesse aber auch den Beginn einer langanhaltenden „Personalisierung" der Verbrechen in der Wahrnehmung. Die Schuldzuschreibung auf eine kleine Führungsriege des Regimes wurde gefördert, was wiederum die Frage nach einer Beteiligung und/oder Mitverantwortung breiter Teile der Bevölkerung auszusparen half.[94] Trotz der großen aufklärenden Wirkung ließ die öffentliche Anteilnahme an dem Prozess gegen die Hauptkriegsverbrecher im Laufe der zehnmonatigen Verhandlungsdauer nach. Weitere Aufdeckungen durch andere Einzelprozesse und die Alltagsnöte der Nachkriegszeit lenkten das Interesse ab.[95]

Nach Auffassung der Alliierten verlangte der Aufbau eines demokratischen Deutschland nicht nur nach der Entfernung des Regimes und der Umgestaltung der staatlichen Institutionen, sondern auch nach einer Veränderung „in den Köpfen", einer „Erziehung zur Demokratie."[96] Für diese Aufgabe wurde das „Re-education-Programm" geschaffen. Zum Beispiel sollte die gezielte Vorführung von Filmen wie „Todesmühlen" (D/USA 1945; Regie: Hanus Burger) über die deutschen Konzentrationslager (KZ) eine Abkehr vom Nationalsozialismus bewirken. Auch dies trug zu einer kritischen Auseinandersetzung in der Öffentlichkeit bei.[97]

Sicherlich ist zu berücksichtigen, dass das neue Establishment nur mit dem Einverständnis der Alliierten handeln konnte, wenn es nicht sogar direkt von ihnen eingesetzt war. Trotzdem liegt der Unterschied zwischen diesen ersten Jahren nach dem Krieg und den fünfziger Jahren in einem anfänglichen Willen zur Auseinandersetzung: *„Das Ausmaß der Verbrechen wirkte in der breiten deutschen Öffentlichkeit wie ein Schock. Nach voller Kenntnisnahme der grauenhaften Un-*

---

[93] Steinbach, P., 1981, S. 25.

[94] Reichel, P., 2001a, S. 67.

[95] Steinbach, P., 1981, S. 26.

[96] Garbe, D., 1993, S.695.

[97] Andere Filme, wie „Frieda" (GB 1947; Regie: Basil Dearden) wurden vorgeführt, um das Demokratie-Verständnis zu stärken und die Reflektionsfähigkeit zu fördern. Neben dem öffentlichen Wirken zu dem auch andere kulturpolitische Anstrengungen gehörten (Theater, Ausstellungen etc.) beinhaltete die Re-education personelle, strukturelle und inhaltliche Reformen in den Bereichen des öffentlichen Lebens (Medien, Bildungssystem etc.). Clemens, G., 1994a, S. 210-219.

taten stand bei vielen Deutschen außer jedem Zweifel, daß die Verbrechen aufgeklärt und die Schuldigen verurteilt werden müßten. Dieser ursprüngliche Wille der deutschen Bevölkerung zur Aufklärung und „Selbstreinigung" muß hier ausdrücklich erwähnt werden."[98] Fasst man die ersten Nachkriegsjahre bis ca. 1948 zusammen, so entsteht der Eindruck, dass der Schock über den Zusammenbruch und die Erkenntnis der Verbrechen den Willen die Schuldigen zu finden, durchaus hervorbrachten. Dieser Wille verebbte aber nach kurzer Zeit angesichts der Nöte der Gegenwart und des Erschreckens über die verübten Gewalttaten (und den befürchteten Konsequenzen). Mit der Aufklärung über diese ging die Abwehr eines Schuldeingeständnisses einher. Die öffentliche Auseinandersetzung wurde (in der Breite) gestoppt, als mit den Hauptkriegsverbrechern erst einmal vermeintlich „die Täter" gefunden wurden, auf die Verantwortung abgewälzt werden konnte. Eine intensive Auseinandersetzung zu diesem Zeitpunkt hätte das Wissen über die viel breitere Beteiligung an den Verbrechen gefördert und den Neubeginn gefährdet. Nach einem kurzen Aufschrei schien die Haltung zu überwiegen, die Vergangenheit erst einmal ruhen zu lassen, um die Gegenwart zu schonen, und damit die Konsolidierung der neuen Verhältnisse. Das hieß sowohl die Bevölkerung vor einem Kollektivschuldvorwurf zu schützen, als auch die Einbeziehung von Experten der alten Funktionseliten in den Aufbau nicht zu gefährden.[99] In dem folgenden Jahrzehnt wurde ein Rückblick mit allen Aspekten, und damit eben auch Schrecken, dann eher vermieden.[100] Auch die Scham über die Verbrechen, die zwischen 1945 und 1948 bekannt geworden waren, trug zu diesem Umgang bei.[101] Diese Haltung prägte dann die fünfziger Jahre, und wirkte sich auf andere Bereiche aus: Zum Beispiel verebbten die Entnazifizierungsverfahren bald nach ihrer Übertragung von den Alliierten an die Länder, was auch wiederum die öffentliche Auseinandersetzung reduzierte.[102] Kritische Fragen gerieten immer mehr in den Hintergrund.

---

[98] Steinbach, P., 1981, S. 21.

[99] Garbe, D., 1993, S. 699.

[100] Weiß, M., 2001, S. 72.

[101] Ebenda, S. 72.

[102] Auch hier spielte der öffentliche Druck eine mitentscheidende Rolle. Die Entnazifizierung wurde schon vorher von einem Großteil der Bevölkerung als willkürlich, ungerecht und als abhängig von übergeordneten politischen Zielen bewertet. Viele Deutsche waren Mitglied in NS-Organisationen gewesen, bis hinunter zum HJ-Jungen, ohne im weiteren Sinne aktiv für das NS-Regime gewesen zu sein. Sie fühlten sich durch ein Entnazifizierungsverfahren ungerecht bewertet und behandelt, wurden sie doch damit vermeintlich auf eine Stufe mit den „wirklichen Nazis" gestellt. Die Einstellung der Entnazifizierungsverfahren entsprach ebenso der inzwischen veränderten Haltung der Alliierten zur BRD.

Völlig konnte die NS-Vergangenheit jedoch nicht aus der Gegenwart verdrängt werden, dafür waren die Folgen zu deutlich sichtbar, die Erinnerung zu wach. Wo eine Stellungnahme zur Vergangenheit unumgänglich war, veränderte sich der Umgang jedoch dahingehend, dass die ablehnenden Haltungen offensiver wurde. Die innere *Abkehr* von der Vergangenheit wandelte sich in eine *Abwehr*.[103] Eine typische Argumentation war z.B., die Verbrechen wären unter Ausschluss der Öffentlichkeit geschehen, von dem Machtmissbrauch der Nazis hätte die Bevölkerung nichts ahnen können und die Absolutheit der Kontrolle und Gewaltausübung habe keinen Raum für Opposition gelassen.[104] Auch die Aufrechnung der NS-Verbrechen mit den Versäumnissen und Vergehen der Alliierten (z.B. der „Luftkriegsterror") gehörten zu diesem Verhalten.[105] Die Untaten der Deutschen sollten (vermeintlich) kleiner werden durch die Argumentation, die „Anderen" hätten auch (Kriegs-) Verbrechen begannen. Die Abwehr der Vergangenheit fand ihren Ausdruck ebenfalls in der Forderung nach einem „Schlussstrich", die früh in den fünfziger Jahren mehrheitsfähig war. Parallel zur Schuldabwehr fand eine Bagatellisierung der Verbrechen statt.[106] Dabei wurde die Ausblendung der gewalttätigen Seite des NS gestützt durch die massenmediale Darstellung. Die sogenannten „Landserhefte" oder auch viele Kriegsfilme der fünfziger zeigten den Krieg als ideologiefreien Abenteuerspielplatz für Männer. Verbrechen tauchten in der Regel nicht auf, oder waren Taten einzelner fanatisierter oder einfach „böser" Charaktere. Das Kriegsgeschehen wurde aus seinem größeren politischen und historischen Kontext herausgenommen dargestellt. Wenn Politik auftauchte, so waren die Soldaten selber Opfer höherer Geschehnisse, deren Ablauf sie nicht beeinflussen konnten. Die Schilderung der Kameradschaft und des Opferungswillen des einfachen deutschen Soldaten stand im Vordergrund. Die Konjunktur der Heimatfilme mit ihrem „Heile Welt"-Interieur, das mehr Wunsch als Realität ausdrückte, trug ebenfalls zu einer Nichtthematisierung der NS-Verbrechen bei.[107]

Schuldzuschreibungen wurden abgewehrt, indem Unkenntnis über den „wahren" Charakter des Regimes behauptet und auf die eigenen Leiden hin-

---

Sie wurde nun als Bündnispartner im Kalten Krieg gesehen. Auch hierfür war die Integration ehemaliger Aktivisten des NS-Regimes nützlich und folglich das zu genaue Nachfragen über die Vergangenheiten der Einzelnen nicht erwünscht. Garbe, D., 1993, S. 699. Und Steinbach, P., 1981, S. 36.

[103] Benz, W., 1987, S. 30.

[104] Garbe, D., 1993, S. 708.

[105] Ebenda, S. 708.

[106] Reichel, P., 1993, S. 689.

[107] Hembus, J., 1989, S. 348-353. Und Becker, W., 1995, S. 181-188.

gewiesen wurde. Im Krieg konnte man gewesen sein, und hatte dabei vor allem den „Kameraden“ beigestanden. Und vielleicht noch Deutschland vor dem Kommunismus beschützt. Die Vergangenheit wurde selektiert, geschönt und der Gegenwart nutzbar gemacht. Wahrgenommen wurde, was in die Gegenwart passte, sie nicht gefährdete und nicht das gerade wiedergefundene Wohlbefinden des „Wir sind wieder wer“ in Frage stellte.

Gleichzeitig war die neugegründete BRD, auch gerade für ihre Außendarstellung, auf eine in Taten sichtbare Ablehnung des NS angewiesen. Die Wiedereingliederung in die Staatengemeinschaft verlangte nach öffentlicher Sühne. Sie fand statt in der sogenannten „Wiedergutmachung“, den Entschädigungsverfahren, Rückerstattungen und Reparationen. Auch in Gedenktagen und dem Bekenntnis zur materiellen wie politischen Unterstützung Israels. Die Repräsentanten der neuen Bundesrepublik wussten, dass ein öffentliches Bekenntnis zur Abkehr vom „Irrweg“ des „Dritten Reiches“ von ihnen international erwartet wurde.[108] Der Weg war jedoch eher eine institutionalisierte Form ohne große Beteiligung der deutschen Öffentlichkeit.[109] Die politische „Behandlung“ der NS-Vergangenheit lief gewissermaßen parallel zur einer weitgehenden öffentlichen Nichtthematisierung oder geschönten und verkürzten Darstellung.

Wichtig für das Verständnis dieser Entwicklungen ist die Meinungsdiskrepanz zwischen der Bevölkerungsmehrheit und einer „aufarbeitungswilligen“ Minderheit. Eine intellektuelle Elite setzte sich auch weiterhin kritisch mit der NS-Vergangenheit auseinander, konnte diese Auseinandersetzung aber nicht wirkungsvoll vortragen. Auch gab es während der gesamten fünfziger Jahre immer wieder Prozesse, personelle Skandale, antisemitische Vorfälle oder Auseinandersetzungen, die den strittigen kommunikativen und moralischen Umgang mit der NS-Vergangenheit betrafen, die in der Öffentlichkeit diskutiert wurden.[110] Die daraus entstehenden Kontroversen fügten sich aber noch nicht zusammen zu einer Wahrnehmung, die den bisherigen Verlauf der „Vergangenheitsbewältigung“ als gesamtgesellschaftliches Problem sah (oder sehen wollte) und daraus die Konsequenzen zog. Die Skandale erreichten „die Gesellschaft“ als Einzelphänomene, die Problematik sollte oder konnte nicht als Gesamtbild in einem gesellschaftsweiten Kontext wahrgenommen werden. Kontroversen blieben in kleinen Kreisen hängen. Sei es in einer kritischen Elite oder einem zeitlich und/oder räumlich eng begrenzten Rahmen. Der

---

[108] Garbe, D., 1993, S. 715.
[109] Ebenda, S. 705.
[110] Reichel, P., 2001a, S. 139.

Konsens, über die Vergangenheit lieber zu schweigen als zu sprechen, blieb noch erhalten.

3.2. 1958-1968: Ein Wandel in der öffentlichen Auseinandersetzung

Mit dem zweiten Drittel der fünfziger Jahre veränderte sich die Auseinandersetzung langsam. Die Bereitschaft zur Thematisierung erhöhte sich. Es entspann sich nach und nach ein öffentlicher Diskurs, der seinen Höhepunkt in der auf die „antisemitische Welle“ des Winters 1959/1960 folgenden Debatte hatte.

1958 hatte der Ulmer Einsatzgruppenprozess die Praxis der Judenvernichtung in Polen und der UdSSR dokumentiert und die Mängel in der bisherigen Strafverfolgung deutlich gemacht. Durch den Prozess gegen den ehemaligen Polizeidirektor von Memel, wegen der Beteiligung an Massenerschießungen von Juden, wurde deutlich, dass eine Vielzahl vergleichbarer Verbrechen bisher nicht strafrechtlich verfolgt worden war. Zudem wurde der Prozess durch einen Wiedereinstellungsantrag des Beschuldigten in den Staatsdienst ausgelöst, was die personelle Verknüpfung von Vergangenheit und Gegenwart herausstellte. Die nationale und internationale kritische Berichterstattung über die aufgezeigten Versäumnisse der Justiz führten zur Einrichtung der „Zentralen Stelle der Landesjustizverwaltungen zur Aufklärung nationalsozialistischer Gewaltverbrechen“ (Zentrale Stelle) in Ludwigsburg. Durch ihre Arbeit kam es zu einer Vielzahl weiterer Prozesse, neuer Erkenntnisse und in Folge dessen zu einer vermehrten Berichterstattung über die Verbrechen, den Umfang des Täterkreises und die Herrschaftsstrukturen im „Dritten Reich“.

Gleichzeitig nahmen in diesem Jahr auch die antisemitischen Vorfälle zu. Am Weihnachtsabend 1959 wurde die erst wenige Monate vorher eingeweihte Kölner Synagoge mit Hakenkreuzen und der Parole „Deutsche fordern Juden raus“ beschmiert, wie sich später herausstellte von zwei Mitgliedern der rechtsradikalen Deutschen Reichspartei. Im Anschluss an die Synagogen-Schändung kam es bis Ende Januar 1960 zu mehr als 700 Nachfolgetaten.[111] Die Bestürzung über die Ereignisse war groß und in der Presse fand eine umfassende Thematisierung statt. In der Auseinandersetzung über die Ursachen und Folgen tauchten Fragen nach dem Fortbestand nationalsozialistischer Ideen und der Demokratiefähigkeit der Westdeutschen auf. Diese „zweite

[111] Ebenda, S. 148.

Kristallnacht von Köln", wie die Frankfurter Allgemeine Zeitung (FAZ) schrieb,[112] führte auch zu einer erhöhten Aufmerksamkeit des Auslandes. Die antisemitischen Vorfälle wurden dort als Symptome eines noch nicht überwundenen Nazismus gedeutet.[113] Jetzt gerieten noch andere Konstanten zwischen „Drittem Reich" und BRD ins öffentliche Blickfeld. Die Vorwürfe der personellen Kontinuität der Eliten mehrten sich. Dies und der Fortbestand antisemitischer Vorurteile trugen zu einem Gesamtbild bei, das die bundesdeutsche Gesellschaft als kontinuitätsgeladen und die demokratische Staatsform als ungefestigte Hülle erscheinen ließ.[114] Hier kulminierten Auseinandersetzungen, die sich schon in den vorangehenden Jahren abgezeichnet hatten. Das „Gesetz gegen Volksverhetzung" war bereits im Laufe des Jahres 1959 als Reaktion auf eine Reihe antisemitischer Vorfälle diskutiert worden. Es sollte eine Handhabe liefern, gegen diese wirkungsvoller vorgehen zu können.[115] Im Frühjahr 1960 wurde es ratifiziert. Die Geschehnisse der Weihnachtsnacht hatten seine Notwendigkeit unerwartet heftig verdeutlicht.

Der sich wandelnde Umgang mit der Vergangenheit erhielt einen weiteren Schub durch eine Reihe künstlerischer Auseinandersetzungen. Entgegen dem damaligen Mainstream der Kultur hatten einige Filme und Bücher den NS kritisch beleuchtet und zu Auseinandersetzungen geführt, so z.B. die Romane „Biedermann und die Brandstifter" von Max Frisch (1958) oder „Die Blechtrommel" von Günter Grass (1959). Im selben Jahr kam auch der Film „Rosen für den Staatsanwalt" (D 1959; Regie: Wolfgang Staudte) in die Kinos und eine in Karlsruhe stattfindende Ausstellung mit dem Titel „Ungesühnte Nazijustiz" erregte die Gemüter. Diese traf zusammen mit einer von der DDR forcierten Kampagne gegen die „NS-Blutrichter", in der 1000 Namen von aus der NS-Zeit belasteten Juristen veröffentlicht wurden.[116] Trotz des Propaganda-Verdachtes aufgrund der DDR-Herkunft der Quellen verstärkte das Material die Auseinandersetzungen.

Die wachsenden kritischen Pressereaktionen auf die Skandale der Jahre 1959/60 machten die Einstellungsveränderungen in der liberalen Öffentlichkeit sichtbar. Gleichzeitig zeigten Erhebungen unter der Bevölkerung auch hier die Unterschiede zwischen einer größer werdenden kritischer Öffentlichkeit und den privaten Einstellungen der Bevölkerung. In der „Antisemitischen Welle" sahen nur 13% der Bevölkerung ein Wiederaufleben des Nationalso-

---

112 Arnsberg, P., 1960, S. 20.
113 Bergmann, W., 1997, S. 249.
114 Siegfried, D., 2000, S. 83.
115 Reichel, P., 2001a, S. 152-154.
116 Siegfried, D., 2000, S. 80.

zialismus, während 40% meinten, bei den jungen Tätern handele es sich um „Halbstarke“, die Aufmerksamkeit erregen wollten. Auch der Verdacht, die Ereignisse seien eine Kampagne des Ostens zur Diskreditierung der BRD fand sich bei 32% der Befragten.[117]

Dieser über mehrere Jahre sichtbar gewordene Komplex von personellen und mentalen Kontinuitäten, neuen Strafverfahren und antisemitischen Vorfällen, verdeutlichte die Mängel in der Aufarbeitung der NS-Vergangenheit. In der Öffentlichkeit entstand das Gefühl, die unbewältigten Rückstände des NS könnten die Gegenwart gefährden. Dabei wies die Verwicklung jüngerer Täter besonders auf die Gefahr einer nicht durchbrochenen Ideologie hin und zeigte die unzureichenden Bemühungen um eine Diskreditierung nationalsozialistischen Gedankenguts. Die Gründung der BRD war in dem Selbstverständnis und der Forderung erfolgt, eine Wiederholung der Vergangenheit zu verhindern. Dies schien der bisherige Umgang mit dem Erbe des „Dritten Reiches“ aber nicht zu gewährleisten.

Im Mai 1960 elektrisierte die Nachricht von Adolf Eichmanns Festnahme die Öffentlichkeit. Die Neuigkeit traf mitten in die laufende Debatte infolge der „Antisemitischen Welle“. Eichmann war in seinem argentinischen Versteck von Agenten des israelischen Geheimdienstes Mossad aufgespürt, entführt und an den argentinischen Behörden vorbei nach Israel gebracht worden, wo er zwischen dem 11. April und 15. Dezember 1961 vor Gericht stand.[118] In dem Prozess wurde die „komplexe Maschinerie“ des NS-Staates und der Ablauf der Deportationen und Ermordung der Juden deutlich. Dabei erschien Eichmann zwar als ein Hauptverantwortlicher, gleichzeitig wurde aber die Beteiligung und Mitwisserschaft einer Vielzahl von Personen sichtbar. Erst ihr Zusammenwirken hatte die Verbrechen ermöglicht. Eichmann hatte gehandelt in einem „Verwaltungsapparat des Tötens“.[119] Auch die breite

[117] Ebenda, S. 83.

[118] Da kein Auslieferungsabkommen zwischen Israel und Argentinien bestand, hatten die Israelis in der Entführung die einzige Möglichkeit gesehen, zu verhindern, dass Eichmann nach Deutschland ausgeliefert und damit ein Prozess in Israel verhindert würde. Die durch dieses Vorgehen entstandene Diskussion über verletzte Rechtsstaatsprinzipien verebbte im Laufe der nächsten Monate angesichts der sichtbar werdenden politischen und historischen Bedeutung des Prozesses. Am 1. Juni 1962 wurde Eichmann in Jerusalem hingerichtet. Steinbach, P., 1981, S. 51.

[119] Am weitesten ging die Frage nach Beteiligung und Mitverantwortung in der Debatte um Hannah Arendts Buch „Eichmann in Jerusalem“. Dort wurde auch nach einer Mitverantwortung der ganzen Welt und der Juden an den Verbrechen gefragt. Die Rolle der Judenräte bei den Deportationen hatte zu dieser Einbeziehung in die Schuldfrage geführt und löste heftige Diskussion aus. Arendt, H., 1978.

Mitwisserschaft an der Vernichtung der Juden wurde deutlich, z.B. bei der Rekonstruktion der komplexen Deportationsabläufe. Die Beteiligung so vieler Personen wurde sichtbar, von Eichmann bis hin zu den Weichenstellern der Deportationszüge, dass nach dem Prozess die Entschuldigung „man habe nichts gewusst" nicht mehr galt.[120]

Die ineinanderübergehenden Debatten um die „Antisemitische Welle" und den Eichmann-Prozess (als Speerspitzen eines sich wandelnden gesellschaftlichen Klimas) hielten das Thema NS-Vergangenheit über einen relativ langen Zeitraum in der Öffentlichkeit.[121] Die Diskussionen wurden von einer großen Mehrheit der Bevölkerung wahrgenommen, auch das Informationsniveau war, gerade beim Eichmann-Prozess, sehr hoch. Etwa 90% der Bevölkerung hatten, einer Umfrage zufolge, eine zutreffende Vorstellung davon, was verhandelt wurde. Immerhin 59% der Befragten hielten die Durchführung des Prozesses nach seinem Abschluss für richtig, nur 15% vertraten direkt danach die Meinung, man sollte die Dinge nach so vielen Jahren ruhen lassen.[122]

In den Jahren 1958-1962 wuchs die Bereitschaft zu einer Auseinandersetzung mit der NS-Vergangenheit stetig. Durch die öffentliche Mobilisierung wurde die „Windstille" der Mitfünfzigerjahre durchbrochen und eine „atmosphärische" Veränderung bewirkt, „die Vergangenheit kehrte zurück".[123] Mit dem Skandal um die „Antisemitische Welle" wurde der Konsens über die Ächtung antisemitischer Äußerungen im öffentlichen Raum wieder hergestellt, bzw. verteidigt. Das Gesetz gegen Volksverhetzung veränderte dabei die rechtliche Handhabe. Die Gründung der Ludwigsburger Stelle war eine weitere Konsequenz und dann Motor der Entwicklungen dieser Jahre. Sie

---

[120] Eichmanns Prominenz und die Umstände seiner Verhaftung bewirkten von Anfang an eine große Medienresonanz, in der ganzen Welt und in Deutschland. Die neuaufgelebte Diskussion um Tatbeteiligung und Befehlsnotstand verstärkte die Wirkung des Prozesses. Obwohl Eichmann als ein Hauptverantwortlicher herausgestellt wurde, führte seine Verurteilung nicht zu einer Argumentation der kollektiven Entschuldigung anderer Täter wie nach den Nürnberger Prozessen. Durch die Beleuchtung der Gesamtabläufe erweiterte sich stattdessen der Blick auf die Täterschaft. Gängige Argumentationsmuster der Schuldabwehr wurden entlarvt, die „Schuldfrage" dadurch neu gestellt. Der Eichmann-Prozess vergrößerte das Wissen und veränderte damit die Möglichkeiten über den NS zu sprechen. Die Durchsetzungskraft bestimmter, den bisherigen Darstellungen und Verhaltensweisen gegenüber kritischer Positionen wurde größer. Er stärkte diejenigen, die die Frage nach den Verantwortlichen und der Verantwortlichkeit neu stellen und den Fokus dabei erweitern wollten. Steinbach, P., 1981, S. 52-53

[121] Bergmann, W., 1997, S. 253.

[122] Steinbach, P., 1981, S. 25.

[123] Siegfried, D., 2000, S. 78.

intensivierte nachhaltig die Verfolgung von NS-Straftätern, mit der juristischen Verarbeitung die Kenntnisse über den NS, und daraus folgend immer wieder die Berichterstattung. Das durch die Ereignisse im Winter 1959/60 ausgelöste Erschrecken über die Beständigkeit nationalsozialistischer Ideen, auch bei jungen Menschen, führte auch zu einer Wende in der Bildungspolitik. Schulbücher über den NS wurden evaluiert, in den Lehrplänen dem zeitgeschichtlichen Unterricht mehr Raum gegeben und die themenspezifische Ausbildung von Lehrern verbessert.[124] Die vergangenheitspolitische Situation hatte sich gewandelt.

Die angestoßenen Veränderungen bestimmten den Umgang mit der NS-Vergangenheit in den folgenden Jahren, wobei der bisher in der Auseinandersetzung gemiedene Holocaust stärker thematisiert wurde..[125] Nach 1962 standen dabei zum einen Verfahren gegen ehemalige Angehörige der KZ-Mannschaften im Zentrum, zum anderen die „Verjährungsdebatten".

Bis Mitte des Jahrzehnts folgten Prozesse in Jahresabständen: Der Auschwitz-Prozess 1963-65, Belzec 1964, Treblinka 1964-65, Sobibor 1965-66 und der Tarnopol-Prozess 1966.[126] Der Grad an Aufmerksamkeit des Eichmann-Prozesses konnte zwar nicht aufrecht erhalten werden, trotzdem hielten diese Ereignisse die Thematik stetig in der Öffentlichkeit.[127] Vor allem über den Auschwitz-Prozess[128] berichteten die Medien umfassend.[129]

Bezeichnend an den Angeklagten war, dass sie scheinbar „normale", „einfache" Bürger waren (es waren Beamte, Handwerker, Kaufleute), die für eine Zeit ihres Lebens zu Mördern und danach wieder zu „harmlosen" Mitbürgern wurden. Sie waren keine Hauptverantwortlichen wie in Nürnberg und gehörten auch nicht zu den „Schreibtischtätern" wie Eichmann. Sie verübten grausame, sadistische Verbrechen und kehrten danach an ihre vorherigen Plätze in der Gesellschaft zurück. Die Beobachter sahen sich der Frage gegenüber gestellt, wie dies möglich war.[130] Die Öffentlichkeit musste sich mit einem (vermeintlich) neuen Tätertyp, den „kleinen Leuten" auseinandersetzen, und damit, dass die rechtliche Verfolgung keineswegs abgeschlossen war. Die Per-

---

[124] Bergmann, W., 1997, S. 261 ff.

[125] Ebenda, S. 281.

[126] Ebenda, S. 279.

[127] Ebenda, S. 280.

[128] 24 Personen wurden beschuldigt zwischen 1940 und 1945 allein und gemeinschaftlich Menschen in nicht genau bestimmbarer Zahl getötet zu haben. Reichel, P., 2001a, S. 160.

[129] Nichtsdestotrotz ergab eine Umfrage nach einem halben Jahr Berichterstattung im Juni 1964, dass 40% Prozent der Bevölkerung die Medienbegleitung bisher nicht bemerkt hatten. Bergmann, W., 1997, S. 281.

[130] Reichel, P., 2001a, S. 161.

sönlichkeiten und Biografien der Täter warfen sowohl die Frage nach den Strukturen und Wirkungsweisen im NS erneut auf, als auch nach dem Umgang mit diesem in den 20 Jahren seit Kriegsende. „Auschwitz" war bis zu diesem Prozess kein eigenes Thema gewesen. Die Konfrontation mit der industriellen Vernichtung fand durch diesen Prozess erstmals statt und auch der Begriff „Auschwitz" selbst mit der heute noch gültigen Konnotation als Symbol für die NS-Verbrechen bildete sich in den Jahren ´61-´63.[131]

Der öffentliche Diskurs über den NS öffnete sich entscheidend, obwohl der Wille zur Auseinandersetzung weiterhin nicht aus der breiten Bevölkerung, sondern aus intellektuellen Kreisen und der politischen Klasse kam.[132] Gleichwohl hatte sich die Situation im Vergleich zur Mitte der fünfziger Jahre dahingehend geändert, dass die Gegenkräfte keine wirksame Bremsfunktion mehr ausübten. Die Intensität der Auseinandersetzung nahm von da an weiter zu.

Der Auschwitz-Prozess beeinflusste auch die im Frühjahr 1965 geführte zweite „Verjährungsdebatte" über die zwanzigjährige Verjährungsfrist für Mord. Dies war der Beginn einer Auseinandersetzung, die erst 1979 ihren Abschluss fand und insgesamt vierer Bundestagsdebatten bedurfte. Die Debatte war gekennzeichnet durch einen fraktions- und generationenübergreifenden Dialog[133] und gilt heute als ein Höhepunkt in der Geschichte des Parlaments,

---

131 Schildt, A., 1998, S. 52. In den fünfziger Jahren waren der Widerstand des 20. Juli 1944 und die Aussöhnung mit Israel die zentralen Symbole. Siegfried, D., 2000, S. 96.

132 Reichel, P., 2001a, S. 181. Der Wunsch nach einem „Schlussstrich" blieb in der Bevölkerungsmehrheit bestehen. Nur eine Minderheit (39%) befürwortete jetzt die Gerichtsverhandlungen. Im August 1958, während der antisemitischen Vorfälle, hatte sich für kurze Zeit noch eine Mehrheit für eine weitere Verfolgung von NS-Straftaten ausgesprochen. Schildt, A., 1998, S. 52. Die Unterschiede zwischen Bevölkerungsmehrheit und „intellektueller Elite" zeigte sich auch an anderen einzelnen Thematiken. Die stark beachtete Ausstrahlung der 14teiligen Dokumentationsreihe „Das Dritte Reich" von Oktober 1960 bis Mai 1961 machte deutlich, dass das Interesse am NS als historischem Thema zugenommen hatte. Gleichzeitig erreichten aber die Folgen, die sich mit den Verbrechen beschäftigten, am wenigstens Zuschauer. Die „Erfolgsgeschichten" des NS mit Titeln wie „Machtergreifung" oder „Die Blitzkriege" hatten dagegen die größten Zuschaueranteile, z.T. bis zu 12 Millionen (28% der Bevölkerung). Siegfried, D., 2000, S. 86.

133 Während bei der ersten Debatte 1960 nur die SPD für die Verlängerung der Verjährungsfrist für Totschlag plädierte, sprachen sich nun auch das FDP geführte Bundesjustizministerium und ein Reihe von CDU Abgeordneten, allen voran Ernst Benda, für eine Verlängerung der Frist aus. In der Debatte kamen drei grundsätzliche Positionen zur Verjährungsfrage zum Ausdruck: Thomas Dehler (FDP) argumentierte mit rechtsstaatlichen Bedenken, wie dem Rückwirkungsverbot, als Argument gegen eine Verlängerung. Die Kabinettsmehrheit vertrat die Ansicht, die Zentrale Stelle hätte durch ihre erfolgreiche

der mit seiner Auseinandersetzung meinungsbildend wirkte: *„[...] jeder im Saal, am Radio oder vor dem Fernseher an diesem Tag spürte: in einer Frage von nationaler Bedeutung war es dem Parlament wie nur selten gelungen, seiner staatspolitischen Aufgabe gerecht zu werden, repräsentatives und richtungsweisendes Forum der Gesellschaft zu sein. Die Volksvertreter debattierten über die moralische Last der Vergangenheit, sie sprachen offen und mutig über die Schuld der Täter und Mittäter, über die Folgen des Unrechtsregimes für die Gegenwart, über Gerechtigkeit für die Opfer und über die Verpflichtungen für die weitere Zukunft. Der überfällige Dialog zwischen den gesellschaftlichen Großgruppen und den Generationen – hier fand er statt."*[134] Die „Verjährungsdebatten" wurden damit, neben den politischen und rechtlichen Folgen, richtungsweisend für den kommunikativen Umgang mit dem NS.[135] Durch die Verjährungsdebatten differenzierte sich das öffentliche Bild der Straftaten erneut, auch weil sie den Massenmord als einzelnes besonders schweres Vergehen herausstellten, in ähnlicher Weise wie vorher die Prozesse gegen NS-Straftäter. Die verschwommenen, bzw. ungenauen Tatbestände wurden weiter ausgeleuchtet, Mord und Totschlag als Kriminalverbrechen sichtbar gemacht. Beides wurde aus dem Zusammenhang der „Kriegsverbrechen" gelöst. Dadurch erhöhte sich auch in der Bevölkerung die Akzeptanz der Bestrafung, denn Kriegsverbrechen wurden in der Öffentlichkeit (vor allem der fünfziger Jahre) schneller entschuldigt als andere Verbrechen. Durch die undifferenzierte Wahrnehmung wurden NS-Verbrecher oftmals als „gewöhnliche" Kriegsverbrecher gesehen.[136]

Arbeit so viele Tatbestände der Verjährung entzogen, dass eine Verlängerung der Frist keine erheblichen Vorteile bringen würde, denn die wesentlichen Tatbestände wären aufgeklärt. Die dritte Position vertrat Ernst Benda. Er argumentierte gegen formale rechtsstaatliche Gesichtspunkte und stellte den Gerechtigkeitsbegriff ins Zentrum, der das Selbstverständnis einer Generation ausdrücke, die von einer unmittelbaren Verantwortung für das Entstehen und Wirken des NS frei war. Das allgemeine Rechtsgefühl werde in unerträglicher Weise korrumpiert, wenn *„Morde ungesühnt bleiben müssen, obwohl sie gesühnt werden könnten."* Benda, E., zitiert nach Reichel, P., 2001a, S. 189. Und Steinbach, P., 1981, S. 56.

[134] Reichel, P., 2001a, S. 191.

[135] Das Parlament beschloss, die Verjährungsfrist um fünf Jahre zu verschieben. Als Begründung wurde angeführt, dass die Strafverfolgung vor Gründung der BRD behindert gewesen wäre. Damit wurde nur ein Verfahrenskompromiss gefunden, der eine weitere, dritte Debatte 1969 nötig machte. In ihr wurde die Verjährung für Völkermord aufgehoben und die Frist der Strafverfolgung bei Mord von 20 auf 30 Jahre verlängert, d.h. bis 1979. Erst in einer vierten Debatte kam es dann auch zur Aufhebung der Verjährung für Mord. Reichel, P., 2001a, S. 194 f.

[136] Steinbach, P., 1981, S. 43.

Insgesamt wurde seit 1958 versucht, die Fehler und Versäumnisse nach 1945 zu korrigieren und andere Grundlagen im Umgang mit der NS-Vergangenheit zu schaffen. Die kommunikativen Veränderungen, die sich in der zweiten Hälfte der fünfziger Jahre vorsichtig angekündigt hatten, erhielten zwischen 1958 und 1963 den entscheidenden Schub. Erst die Skandale und aufsehenerregenden Prozesse ermöglichten den Durchbruch.

3.3. 1968-1980: Kapitalismus, Faschismus, Nazismus – die gesamtgesellschaftliche Dimension

Nach den prominenten Verfahren der sechziger Jahre nahm die Anzahl der Prozesse gegen NS-Straftäter weiter zu. In der Öffentlichkeit verlagerte sich aber die Auseinandersetzung schwerpunktmäßig von einer justiziellen Aufarbeitung zu einer politischen Debatte. Statt der Gerichtsverhandlungen wurde die Frage nach den strukturellen Fortbeständen des „Dritten Reiches" in der Bundesrepublik bestimmend für den öffentlichen Diskurs. Vor allem initiiert von der sich formierenden linken Studentenbewegung richtete sich der Protest gegen die als völlig ungenügend empfundene Entnazifizierung. Aus Sicht dieser Bewegung war die „Vergangenheitsbewältigung" gescheitert,[137] und mit Misstrauen wurde die demokratische Basis der BRD und ihre Stabilität gegenüber Gefahren neuer faschistischer Entwicklungen betrachtet.[138] Das hier sichtbar werdende Protestpotenzial stand im Kontext einer weltweiten, kapitalismuskritischen Jugendrevolte, bekam aber in Deutschland durch den spezifischen historischen Hintergrund eine besondere Ausrichtung und Schärfe. Bezüglich der Vergangenheitsproblematik war die Bewegung der „´68er" dabei die Kulmination der Entwicklung, die Ende der fünfziger Jahre begonnen und sich dann über ein Jahrzehnt kontinuierlich verstärkt hatte.[139] Die junge rebellische Generation der „´68er" hatte erst die Vergangenheit der Eltern hinterfragt und dann eine Debatte über personelle Kontinuitäten in Gang ge-

---

137 Moltmann, B., 1993, S. 11.

138 König, H., 1997b, S. 309. Auch die kurzzeitigen Wahlerfolge der NPD zwischen 1965 und 1969 führten zu einer Diskussion über die Gefahren eines zunehmenden Rechtsextremismus und trugen damit zur „Kontinuitäts-Debatte" bei. Mit dem Niedergang der NPD nach 1969 legte sich auch die Debatte. Vgl. Bergmann, W. (1997), S. 279-280.

139 Rusinek, B.-A., 2000, S. 114.

setzt. Gleichzeitig rückten dabei auch ökonomische Strukturen und Interessen ins Blickfeld:[140]

Gesellschaft, Wirtschaft und Staat wiesen in ihren Organisationsformen, sozialen Prägungen und Mustern vermeintlich dieselben Bedingungen auf, die schon das Entstehen des „Dritten Reiches“ ermöglicht hatten. Die Ursachen für den Nationalsozialismus wurden im Kapitalismus gesehen und bestünden mit diesem insofern fort. Die Kritik an der bisherigen und als ungenügend empfundenen „Vergangenheitsbewältigung“ verknüpfte sich mit einer grundsätzlichen Kritik an der BRD. Mit der Hinterfragung des Zusammenhangs zwischen Kapitalismus und Faschismus trat die Beschäftigung mit dem NS zugunsten der Beschäftigung mit dem „allgemeinen“ Faschismus in den Hintergrund.[141] Die „Totalitarismusdebatte“ der fünfziger und sechziger Jahre wurde in den siebziger Jahren zu einer „Faschismusdebatte“. Die NS-Vergangenheit wurde vor allem betrachtet unter dem Gesichtspunkt eines Bündnisses zwischen Monopolindustrie und Diktatur zur Ausschaltung der deutschen Arbeiterschaft. Empirische Realitäten des NS gerieten in den Hintergrund, der Genozid und die Massenverbrechen des NS-Regimes wurden als einzelne Themen an den Rand gedrängt.[142] Gleichzeitig bewirkte die Frage nach den Vorbedingungen des NS und deren Fortbestand die Abkehr von einem Bild des „Dritten Reiches“ als schicksalhaftem Verhängnis. Mit der gesamtgesellschaftlichen Dimension wurde der NS verortet in der Kontinuität der deutschen Geschichte.

Sieht man die Aufarbeitung der NS-Vergangenheit in ihrer Intensität als eine Gezeitenbewegung, so waren die siebziger Jahre, was die öffentliche Perzeption angeht, eher ein Zeitabschnitt der Ebbe. Ulrich Herbert bezeichnet sie sogar als eine Phase der „zweiten Verdrängung.“[143] Obwohl es auch in diesem Jahrzehnt antisemitische Vorfälle, wie Schändungen jüdischer Friedhöfe, gab, war die öffentliche Agenda maßgeblich besetzt von Themen wie Vietnamkrieg, Nahostkonflikt oder Terrorismus.[144] Größere Debatten, die den Umgang mit der Vergangenheit berührten, kamen bis zur „Hitler-Welle“ ab 1977 kaum zustande. Die „Fassbinder-Kontroverse“ 1976 um das Stück „Der Müll, die Stadt und der Tod“[145] war eine Ausnahme. Allerdings ließ sie

---

[140] Zum Beispiel wurde die Verstrickung von Konzernen wie der IG Farben in die Massenvernichtung thematisiert.

[141] Frei, N., 2001, S. 149.

[142] Herbert, U., 1993, S. 38 f.

[143] Ebenda, S. 38.

[144] Bergmann, W., 1997, S. 313.

[145] In dem Stück geht es um Stadtplanung und Stadterneuerung im Frankfurter Westend der siebziger Jahre. Der Abriss von Bausubstanz aus der Gründerzeit und Neubau von

sich durch den Vorwurf eines linken Antisemitismus auch in die damalige „Superstruktur des Rechts-Links-Konflikts" einfügen[146], und passte damit in das Grundthema der Zeit.

Der Antisemitismus-Konsens war seit 1945 in der Bundesrepublik als Teil der öffentlichen Abkehr vom NS etabliert. Während bei vorherigen antisemitischen Skandalen, wie z.B. dem Konflikt um „Jud Süß" Regisseur Veit Harlan, der antisemitische Gehalt des Vorfalles unumstritten war und der Skandal in einer Äußerung oder Handlung selbst lag, ging es bei der „Fassbinder-Kontroverse" um die Frage der Bewertung der „Äußerung" (des Stückes) als antisemitisch. Da die antisemitische Zeichnung der Hauptfigur innerhalb einer künstlerischen Auseinandersetzung stattfindet, besteht die Möglichkeit, nicht das Stück oder den Autor als antisemitisch zu bezeichnen, sondern die Verhältnisse, auf die es Bezug nimmt. Die Intention Fassbinders sei es gewesen, so dessen Fürsprecher, in dem Stück reflexiv den Antisemitismus und Philosemitismus auf Seiten der Deutschen und ein Bedürfnis nach Rache auf Seite der Juden als (falsche) Reaktionsformen auf den Holocaust zu entlarven. Dafür wäre die Figur des „reichen Juden" eingeführt worden.[147] Fassbinder selbst wurde nicht als Antisemit gebrandmarkt, seine Person und seine künstlerische Biografie sprachen dagegen. Auch seine Position im Kulturbetrieb hatte dabei sicherlich eine Schutzwirkung.[148] Als Konzession an die Vorwürfe kam das Stück nicht zur Aufführung und der Suhrkamp Verlag zog die Veröffentlichung zurück. Damit wurde der Antisemitismus-Konsens jedoch nur teilweise verteidigt, denn die Bewertung blieb zwiespältig. Juden mit antisemitischen Stereotypen darzustellen, wurde nicht als unmöglich erklärt. Es entstand keine komplette Verurteilung des Stückes, des Autors und der Charakterzeichnung der Figuren. Die Kontroverse über das Stück blieb bestehen. Weitere Versuche, es aufzuführen, führten dann ebenfalls zu Protesten (siehe Kapitel 3.4.).

Diese Auseinandersetzung ist ein frühes Beispiel für Debatten über die Formen des Umganges mit der NS-Vergangenheit wie sie später in den achtziger und neunziger Jahren geführt wurden. Es dreht sich um die „Angemessenheit" der Darstellung, um die richtigen Verfahrensweisen im Umgang mit

---

Bürokomplexen strukturierte das Viertel um. Darauf folgten Hausbesetzungen, Polizeieinsätze, der sogenannte „Häuserkampf", der wiederum eine Initialwirkung für das Entstehen der öko-grünen Protestbewegung hatte. Die Hauptfigur ist ein jüdischer Immobilienunternehmer, „der reiche Jude", der mit antisemitischen Stereotypen charakterisiert wird: Er ist Spekulant, reich, auf den eigenen Vorteil bedacht.

146 Bergmann, W., 1997, S. 313.

147 Ebenda, S. 316.

148 Herz, Th., 1997b, S. 182-185.

ihr, nicht mehr aber um „direkte" Folgen des NS, wie die Verurteilung von Verbrechern oder Wiedergutmachungsleistungen. Die NS-Vergangenheit wird zu einem Fall maßgeblich der Politischen Kultur, ohne andere, z.B. die Gesetzgebung oder Entschädigungszahlungen betreffende, Bereiche zu tangieren. Sie treten in den Debatten in den Hintergrund. Das heißt nicht, dass keine Verfahren mehr laufen oder keine Zahlungen mehr geleistet werden, der Regelungsbedarf auf diesen Feldern ist aber zu diesem Zeitpunkt zu einem großen Teil abgeschlossen und öffentlich nicht mehr strittig.[149]

Mit dem Ende der Siebziger kam es wieder zu einer thematischen Schwerpunktverschiebung. Ab 1977 erregte die sogenannte „Hitler-Welle" die Gemüter. Populäre Publikationen wie die Landser-Hefte, die ein unkritisches, wenn nicht gar positives Bild von Hitler und dem NS zeigten, erschienen vielfältig.[150] „Rechtfertigungsliteratur" wie die „Spandauer Tagebücher" von Albert Speer,[151] zeigten Hitler als faszinierende, dämonische Persönlichkeit, der man sich nur schwer hätte entziehen können. In Joachim Fests´ „Hitler. Eine Biographie"[152] und vor allem in dem dazugehörigen Film „Hitler – eine Karriere" (D 1977; Regie: Joachim Fest) wurde der Diktator als „genialer Führer" gezeigt. Das dominierende Bild als Verbrecher wurde damit in Frage gestellt, bzw. verschob sich. Vermehrt registrierte neonazistische Aktionen lösten zusätzliche Besorgnis aus.[153] Damit stellte sich erneut die Frage nach einer Gefährdung der Jugend durch den Weiterbestand nationalsozialistischer Ideen, handelte es sich doch bei der kleinen, aber deutlich wahrnehmbaren Gruppe der Neonazis zum großen Teil um nach dem Krieg geborene, junge Menschen. Als Reaktion auf die Umdeutung der Vergangenheit durch die Publikationen und Filme der „Hitler-Welle" verstärkte sich Ende der Siebziger die kritische Auseinandersetzung mit dem NS wieder.[154] Zudem hatten sich durch die sozialdemokratisch-liberale Koalition die politischen Rahmenbe-

---

[149] Die Zahlung von Entschädigungen an Zwangsarbeiter ist dabei eine späte Ausnahme.

[150] Schneider, G., 1979, S. 25-40.

[151] Speer, A., 1975. Albert Speer (1905-1981) war „Hausarchitekt" Hitlers und später Rüstungsminister im „Drittem Reich". Bei den Nürnberger Prozessen wurde er zu 20 Jahren Haft verurteilt.

[152] Fest, J., 1973.

[153] Obwohl die Zahlen aktiver Neonazis im Laufe der siebziger Jahre zurückgingen. Rotermundt, R., 1980, S. 119 f.

[154] Auch hierbei gilt es, wie immer beim Thema NS-Vergangenheit, einen Unterschied zu machen zwischen öffentlichen Debatten und Diskursen in kleinen „Teil-Öffentlichkeiten" wie z.B. inneruniversitären, wissenschaftlichen Kreisen. Die Öffnung des Blicks auf die Vergangenheit, die Pluralisierung des Erinnerungsdiskurses, hatte sich in der Wissenschaft in den siebziger Jahren fortgesetzt. Reichel, P., 2001b, S. 154.

dingungen geändert, und der Generationenwechsel bewirkte einen unbeschwerteren Umgang mit der Vergangenheit.

In diese Intensivierung des Erinnerungsdiskurses gehört ebenfalls das Medienereignis „Holocaust". Der Entschluss des WDR, „Holocaust" zu kaufen, wurde auch von der „Hitler-Welle" und den vergangenheits- und bildungspolitischen Implikationen beeinflusst. Das Kapitel 5. „Das Medienereignis 'Holocaust'" ist allein diesem Thema gewidmet. Dort wird auf dessen Besonderheit und Wirkung detailliert eingegangen.

Neben diesem, öffentlich alles überstrahlenden, Ereignis, fielen in das Jahr 1979 die vierte Verjährungsdebatte und die ersten Urteile des Majdanek-Prozesses.[155] Sowohl der Majdanek-Prozess, als auch „Holocaust" beeinflussten die letzte Verjährungsdebatte,[156] in der die Verjährbarkeit von Mord aufgehoben wurde. Die in der Verjährungsdebatte zum Ausdruck gekommene Ablehnung des NS wurde als indirekte Legitimation einer humaneren Verfassungsordnung verstanden.[157] Die Dreierkonstellation „Holocaust", der Majdanek-Prozess und die Verjährungsdebatte bildete damit zum Jahrzehntwechsel eine Konzentration von öffentlichkeitswirksamen Ereignissen. Die Beschäftigung mit dem NS hatte wieder zugenommen und durch „Holocaust" eine neue Dimension erreicht.

3.4. 1980-1990: Die „Geistig-Moralische Wende"

Die achtziger Jahre waren bestimmt von Debatten um eine Neubewertung der NS-Vergangenheit. Die Abgrenzung von dieser Vergangenheit in den In-

---

155 Im Majdanek-Prozess wurde wegen Mordes und Beihilfe zum Mord gegen 17 frühere Angehörige des Lagerpersonals des KZs Majdanek verhandelt. Nach vier Jahren Verhandlung kam es zu vier Freisprüchen. Zwei Jahre später zu einem weiteren Freispruch, siebenmal niedrigen Freiheitsstrafen und einmal lebenslänglich. Zwischen dem Beginn der Ermittlungen und dem Prozess-Ende lagen mehr als zwanzig Jahre. Zwei Angeklagte waren durch Tod und Freispruch ausgeschieden. Der Aufwand, die Länge und die milden Urteile lösten vielfach Kritik aus. Ebenso führte das von vielen Beobachtern als arrogant empfundene Auftreten der Verteidigung und der Angeklagten zu Empörung. Die dem Prozess gewidmete öffentliche Aufmerksamkeit wird sehr unterschiedlich bewertet. Sowohl Klagen über öffentliches Desinteresse als auch die Einschätzung des Prozesses als sehr öffentlichkeitswirksam finden sich in den Kommentaren. Die konzentrierte Aufmerksamkeit z.B. des Eichmann-Prozesses wurde ihm aber nicht zuteil. Ebenda, S. 194 f. Und Lichtenstein, H., 1978, S. 33-36. Herbert, U., 1993, S. 39. Steinbach, P., 1981, S. 77.

156 Reichel, P., 2001a, S. 195 f..

157 Steinbach, P., 1981, S. 67.

stitutionen war weitgehend abgeschlossen und mit dem Generationenwechsel bekam die „Schuldfrage" einen anderen Status, denn eine direkte Unterstützung des NS, eine Tolerierung oder Beteiligung an den Verbrechen konnte den Jüngeren nicht mehr vorgeworfen werden.[158] Die Zahl der Zeitzeugen des „Dritten Reiches" verringerte sich, die Problematik einer in die Gegenwart reichenden personellen Kontinuität löste sich mehr und mehr durch das Ausscheiden der älteren Generation aus dem Arbeitsleben. Die Frage nach dem Umgang mit der Vergangenheit verlagerte sich schwerpunktmäßig weg von der Bewältigung der unmittelbaren Folgen, wie der Verfolgung der Straftäter, der Rückerstattung, der Entschädigung der Opfer oder dem Umbau der Institutionen. Das dauerhafte Gedenken rückte stärker in den Blickpunkt. Welchen bleibenden Platz sollte die NS-Vergangenheit in der bundesrepublikanischen Gesellschaft haben? Dies ist auch bis heute der Kern der Auseinandersetzungen.

Der Blick auf den Nationalsozialismus hatte sich von einer „Täter-" zu einer „Opferperspektive" verändert. Der Massenmord hatte durch „Holocaust" eine allgemeine begriffliche Prägung bekommen.[159] Die Ermordung der Juden wurde als das zentrale Verbrechen des NS wahrgenommen, der Antisemitismus als Kern der NS-Ideologie. Damit festigte sich „Auschwitz" als Kristallisationspunkt deutscher Geschichte. Sie läuft seither in der dominierenden Interpretation bis 1945 auf „Auschwitz" zu und geht danach von dort aus. Deutscher zu sein findet in dieser Lesart in „Auschwitz" seinen zentralen Bezugspunkt, der nur zu einer negativen nationalen Identitätsbildung führen kann.

Dieser Interpretation entgegen begann in der Mitte der achtziger Jahre eine Phase vermehrter Auseinandersetzungen, die sich zusammenfassen lassen als Versuche, die Bedeutung der NS-Vergangenheit für die Gegenwart neu zu bestimmen. Es waren Konflikte über den richtigen Umgang mit der Vergangenheit, die sich in symbolischen Handlungen, in den Formen des Erinnerns, in der Art des Sprechens über die Vergangenheit, in Interpretationszusammenhängen ausdrückten. Die Möglichkeiten einer Neubewertung der Vergangenheit und des bisherigen Umgangs mit ihr für die Gegenwart wurden in ihnen ausgelotet.

Nach dem Empfinden vieler Konservativer hatten sich die Deutschen als Demokraten bewährt. Sie hatten aus der Vergangenheit gelernt, die Leistun-

---

[158] Kohlstruck, M., 1998, S. 93.

[159] Ungeachtet wiederholter Einwände, dass das Wort aus einem christlichen Traditionszusammenhang stammen würde, wurde es neben Auschwitz zu einem zweiten Synonym für die Vernichtung der europäischen Juden. Reichel, P., 2001a, S. 205.

gen der „Wiedergutmachung" konnten sich sehen lassen. In der Wahrnehmung Deutschlands sollten diese „Erfolge" eine stärkere Beachtung bekommen, und auf dieser Grundlage mit der Betonung der 40-jährigen „Erfolgsgeschichte der BRD" ein veränderter Bezugspunkt nationaler Identität gefunden werden. Das durch die Abgrenzung zum NS negativ geprägte Selbstverständnis der Deutschen als Deutsche sollte verändert werden. Politisch passte dies zur propagierten „geistig-moralischen" Wende der Kohl-Regierung.[160] Seit ihrer Regierungsübernahme 1982 hatte vor allem die CDU die Forderung nach einer neuen nationalen Identität, nach der Wiederherstellung „deutscher Normalität" geäußert.[161] Auch der sogenannte „Historikerstreit" 1986 zeigte in diese Richtung. Der Versuch, die etablierte Deutung des Holocaust als singulärem Ereignis durch einen Vergleich mit Schreckensperioden anderer Nationen zu relativieren, bezweckte, die NS-Vergangenheit zu „entschärfen", sie zu „neutralisieren", und sie zu „einem Ereignis unter vielen" der jüngsten Vergangenheit zu machen. Zugunsten einer nationalen Sinnstiftung, sollte eine selbstkritische Aufarbeitung deutscher politischer Traditionen aufgegeben werden.[162]

Auf seiner Israel-Reise im Januar 1984 hatte Helmut Kohl den Satz von der „Gnade der späten Geburt" formuliert.[163] Sein Hinweis auf das Nachwachsen einer jüngeren unbelasteten Generation und die Betonung der deutsch-israelischen Freundschaft wurden von Seiten seiner Kritiker als Versuch einer Abgrenzung gegen die Zuschreibung historischer Schuld verstanden, aus der heraus die zukünftigen internationalen Beziehungen der Bundesrepublik gestaltet werden sollten.[164] Auch das Verhältnis zu Israel und den Juden sollte sich auf dieser Grundlage „normalisieren". Damit stand die Frage nach dem Lernen aus der Vergangenheit und dem Fortbestand der historischen Verpflichtung, wie sie sich in den vergangenen vier Jahrzehnten entwickelt hatte, zur Debatte.[165]

---

[160] Seuthe, R., 2001.

[161] Kühnl, R., 1987, S. 137 f.

[162] Wolfrum, E., 1999, S. 341.

[163] Bude, H., 1998, S. 82.

[164] Schwab-Trapp, M., 1997, S. 140.

[165] Neben diesem Aspekt der „symbolischen Politik" (Neubewertung der Vergangenheit) hatte das Anliegen eine „realpolitische" Seite. Im Zusammenhang des Nahost-Konfliktes hatte es eine Auseinandersetzung über geplante Waffenlieferungen der BRD an Saudi-Arabien gegeben. Die israelische Regierung kritisierte das Vorhaben mit dem Hinweis auf die historische Verantwortung Deutschlands gegenüber Israel. Die Argumentation Kohls wurde von Seiten der linken Kritiker aus den Reihen der SPD und Grünen und der linksliberalen Öffentlichkeit als Versuch bewertet, die Grundlage für eine „unbelastete" Nah-

Auch die „Bitburg-Äffäre“ ab Januar 1985 betraf das Verhältnis zwischen 12 Jahren Diktatur und 40 Jahren Demokratie. Das Anliegen Helmut Kohls, bei dem Besuch des amerikanischen Präsidenten Ronald Reagan, eine gemeinsame Gedenkfeier auf dem Soldatenfriedhof Bitburg abzuhalten, stieß auf heftige öffentliche Proteste, national und international. U. a. Vertreter jüdischer Organisationen, amerikanische Militärveteranen und Teile der Presse äußerten sich ablehnend zu dem Vorhaben. Ebenso Politiker der Grünen und der SPD.[166] Die Tatsache, dass in Bitburg sowohl Soldaten der Alliierten als auch Angehörige der Waffen-SS beerdigt waren, wurde von Seiten der Kritiker als Affront gegen die Opfer des NS-Gewaltregimes gesehen. Ein Konflikt, der sich in ähnlicher Weise bei der Debatte um die „Neue Wache“ Anfang der neunziger Jahre wiederholte. Der Versuch, in der zentralen Gedenkstätte der Bundesrepublik in Berlin „den Opfern von Krieg und Gewaltherrschaft“ (Aufschrift der Gedenktafel), gemeinsam zu gedenken (und damit z.B. im KZ Ermordeten ebenso wie Soldaten der Wehrmacht), löste eine Kontroverse aus. In beiden Fällen ging es um die Frage, ob im Gedenken an die Toten ein gemeinsames Betrauern angemessen ist oder nicht. Das Empfinden, die Opfer dürften nicht, auch nicht im Tode, mit den Tätern gemein gemacht werden, steht hier der Haltung gegenüber, jeder Tote des Krieges verdiene, betrauert zu werden. Das gemeinsame Betrauern als Geste der Versöhnung und des „Ruhenlassens“ stieß auf den Widerspruch derjenigen, die eine Versöhnung mit der NS-Vergangenheit als unmöglich empfanden, oder sogar, im Falle der Opfer, als persönliche Beleidigung. Dabei ging es ebenso um die „richtige“ Interpretation der Geschichte, ausgetragen als Konflikt um die „angemessene“ Symbolik.

Als ein Versuch, die Wirkung der Vergangenheit in der Gegenwart zu verändern, lässt sich auch die zweite Fassbinder-Kontroverse verstehen. Sie entstand durch den erneuten Versuch einer Aufführung des Stückes „Der Müll, die Stadt und der Tod“ im Rahmen der Frankfurter Feste 1984. Während die erste Auseinandersetzung unter dem „Meta-Thema“ des Rechts-Links-Konflikts gestanden hatte, trat jetzt das Verhältnis zwischen Juden und Deutschen in den Vordergrund. Der Schutz von Minderheiten vor Diskriminierung und die historische Verantwortung gegenüber den Juden standen der Freiheit der

---

ostpolitik zu schaffen. Auf dieser wiederum wäre eine solche Waffenlieferung dann leichter zu legitimieren. Der Verweis auf eine neue Generation stellte aus Sicht der Kritiker die Kontinuität der Verantwortung in Frage. Es ging hierbei also auch um das Verhältnis von „Moral und symbolischer Politik und Realpolitik“ (Waffenlieferungen an Saudi-Arabien) gegenüber Israel und den Juden. Bergmann, W., 1997, S. 388.

166 Ebenda, S. 391-396.

Kunst, dem Schutz vor Zensur und dem Anspruch auf Aufklärung gegenüber.[167] Während die eine Konfliktpartei die Meinung der Juden, ob das Stück antisemitisch sei oder nicht, als maßgeblich ansah, wollte die andere Seite kein „Vetorecht" in künstlerischen Fragen zulassen.[168] Die Befürworter argumentierten mit einer Gleichbehandlung aller gesellschaftlichen Gruppen, was auch eine „Normalisierung" des Deutsch-Jüdischen Verhältnisses bedeute. Die Gegner führten an, das Stück sei antisemitisch bzw. könne Antisemitismus fördern. Wie seit den späten fünfziger Jahren nicht mehr, wurde „Antisemitismus" zum zentralen Thema einer Debatte, wobei die Gefahren einer Thematisierung bzw. Nichtthematisierung in der Gegenwart und in den letzten 40 Jahren diskutiert wurden. Als „Ergebnis" der Debatte zeigte sich eine Tendenz im Umgang mit der Problematik, die sich seit den siebziger Jahren gebildet hatte. Die Sicht der „Opfergruppe" wurde akzeptiert, ihre emotionalen und sozialen Kosten einer Enttabuisierung anerkannt. Die „Perspektive der Opfer" wurde eingenommen.[169] Wie in den Konflikten um die Israel-Reise Helmut Kohls und um den Bittburg-Besuch ging es auch hier um eine „Standortbestimmung" 40 Jahre nach Kriegsende. Das Verhältnis zwischen Juden und Deutschen zu normalisieren berührte die Frage, ob die besondere Position der Juden in Deutschland aufgelöst werden sollte.

Öffentliche Auseinandersetzungen dieser Art fanden in den achtziger Jahren noch in vielfältiger Form statt. Die ersten Bilanzierungen der „Vergangenheitsbewältigung", die in Ralph Giordanos These von der „Zweiten Schuld"[170] am schärfsten kritisiert wurden, gehören dazu, ebenso zum Beispiel der Eklat um die Jenninger-Rede am 10. November 1988 zum 50. Jahrestag der Reichspogromnacht.[171] Die Veränderung von einer Opfer- zu einer

---

167 Ebenda, S. 425 u. S. 429.

168 Ebenda, S. 426.

169 Ebenda, S. 438.

170 Giordano, R., 1987.

171 Dem damaligen Bundestagspräsidenten Philipp Jenninger wurde ein für die Opfer verletzender Mangel an Sensibilität und Stil in seiner Rede vorgehalten. Ein Vorwurf des Fraktionsvorsitzenden der SPD Jochen Vogel lautete, Jenninger habe Sprachbilder und Begriffe der NS-Zeit in einer Form verwendet, die eine völlige Verkennung dessen erkennen ließen, was der besondere Anlass erfordere. Der Skandal ist schwer nachzuvollziehen, weil die schriftliche Version des Vortrages später von den Kritikern als „untadelig" bewertet wurde. Ein Erklärungsansatz lautet, dass durch die vorangegangenen Debatten über Kohls Israel-Reise und „Bittburg" eine Sensibilisierung im Umgang mit der NS-Vergangenheit stattgefunden hätte, die als Folge eine besondere Erwartungshaltung an die Rede erzeugt hätte. Diese wurde dann offensichtlich enttäuscht. Bergmann, W., 1997, S. 454 f.

Täterperspektive zeigte sich ebenfalls in der Wahrnehmung „neuer" Verfolgtengruppen, den sogenannten „vergessenen Opfern": Sinti und Roma, Homosexuelle, Kommunisten, Euthanasie-Opfer, Zwangsterilisierte, Deserteure, „Asoziale", Zwangsarbeiter. Die Versuche einer Neudeutung der Vergangenheit mit dem Ziel einer positiven Identitätsbildung schlugen fehl. Das Verständnis, die deutsche Vergangenheit als Folie für das politische Handeln der Gegenwart zu begreifen, wurde als öffentlicher Konsens bekräftigt. In seiner Rede zum 40. Jahrestag der deutschen Kapitulation formulierte der damalige Bundespräsident Richard von Weizsäcker die weitgehend durchgesetzte Lesart, den 8. Mai 1945 als Tag der Befreiung zu bezeichnen, begründet aus einer Haltung des Schuldgefühls in Bezug auf den Nationalsozialismus.[172] Auch die Erkenntnis, dass die Erinnerung an die NS-Verbrechen und ihre Opfer einen bleibenden Platz im Selbstbewusstsein Deutschlands einnehmen würde, setzte sich durch.[173] Die Interpretation des Holocaust als singulärem Ereignis gewann dabei den Deutungskonflikt gegenüber Versuchen einer Historisierung. Vor allem im „Historikerstreit" und den Debatten in der Mitte des Jahrzehnts wurde das deutlich. Diese Sichtweise bildete den Rahmen für die Darstellungsformen des NS und des Holocaust in der Folgezeit.

3.5. 1990-2005: Mehr Geschichte war nie

Alle Befürchtungen, das Interesse an der NS-Vergangenheit würde durch die Umwälzungen des Jahres 1989 erlahmen, erwiesen sich als falsch. Der Zusammenbruch des Ostblocks und die Wiedervereinigung Deutschlands bewirkten zwar ein Aufleben nationaler Gefühle und, daraus resultierend, rechter Gewalt (wie die Angriffe auf Asylbewerber), verdrängten aber die Beschäftigung mit der NS-Vergangenheit nicht. Der NS rückte zwar in den Status einer „zweiten Vergangenheit", dessen „Ort" seit 1990 vor der „ersten Vergangenheit" der DDR liegt. In der neuen „Konkurrenzsituation der Erinnerungsdiskurse" behielt er aber (zumindest bis heute) seinen Platz als zentralstes Ereignis für das Selbstverständnis der Bundesrepublik. Das Ende der „Provisorien" DDR und BRD führte vielmehr zu verstärkten Forderungen nach zentralen Gedenkstätten in der neuen/alten Hauptstadt Berlin, die das Repräsentationsbedürfnis befriedigen und, nicht zuletzt für die Außendarstellung des neuen Deutschland, den Konsens der NS-Vergangenheit als Nega-

[172] Bude, H., 1998, S. 82.
[173] Weiß, M., 2001, S. 82.

tivfolie der Bundesrepublik bestätigen sollten (über die „Inhalte" der Denkmäler kam es dann wieder zu Konflikten).

Durch die gesamten neunziger Jahre folgte eine Vergangenheitsdebatte auf die andere: Die Kontroverse über die Errichtung des Denkmals für die ermordeten Juden in Berlin seit Ende der achtziger Jahre bis heute (der Bau des Denkmals begann im Sommer 2003), die Ausstellung „Die Verbrechen der Wehrmacht" des Hamburger Instituts für Sozialforschung, (die den Topos der „sauberen Wehrmacht" herausforderte, durch die anschließende Debatte dessen anhaltende Wirksamkeit bewies und damit sowohl den Blick auf Verantwortlichkeiten und Schuld erweiterte, als auch wieder die Möglichkeiten des Sprechen über die Verbrechen veränderte).

In der in den achtziger Jahren begonnenen, aber erst Ende der neunziger Jahre zu einer Entscheidung geführten Diskussion um die Entschädigung der ehemaligen Zwangsarbeiter zeigte sich die (auch materielle) Bedeutung der Wahrnehmungsverschiebung von einer „Täter- zu einer Opferperspektive". Bisher unbeachtete Verfolgte - zugehörig zu den sogenannten „vergessenen Opfern" - wurden durch sie überhaupt erst als entschädigungsberechtigt wahrgenommen. Auch die Auswirkungen des beendeten Ost-West-Konflikts auf die Wiedergutmachungsfrage wurden hier sichtbar. Viele ehemalige Verfolgte aus Osteuropa bekamen erst durch die Öffnung des „eisernen Vorhanges" die Möglichkeit, ihre Ansprüche zu artikulieren.[174]

Die Definitionsmacht der Medien über die Vorstellungen von der Realität des Nationalsozialismus, des Holocaust und von Auschwitz blieb erhalten und verstärkte sich durch Großereignisse wie „Schindlers Liste" (USA 1993; Regie: Steven Spielberg) sogar noch. Dieser Film und populäre Geschichtsdarstellungen wie die Serien von Guido Knopp lösten dabei „Holocaust" als wahrnehmungsbestimmendes Medienprodukt ab. Der Erfolg mediengerechter Darstellungsformen der NS-Verbrechen zeigte sich aber auch z.B. an dem Buch „Hitlers willige Vollstrecker" von Daniel Goldhagen.[175]

---

174 Reichel, P., 2001a, S. 81-96. Und Herbert, U., 1989, S. 273-302.

175 Goldhagen folgt mit der Machart des Buches Kriterien der Filmproduktion und den Sehgewohnheiten eines Medienpublikums. Michael Kohlstruck beschreibt die Technik des Buches so: Goldhagen bringe den Leser in die Position des Zuschauers, indem er die Täter und ihre Kultur (den sog. „eliminatorischen Antisemitismus") abtrennt von jeder Verbindung zur Gegenwart. Die Politische Kultur der BRD unterscheide sich wesentlich von der herrschenden Politischen Kultur der NS-Zeit. Dadurch blickt der Leser auf die Vergangenheit, ohne Gefahr zu laufen, mit ihr identifiziert zu werden, oder sich mit ihr zu identifizieren. Er wird zum Zuschauer. Im folgenden würde Goldhagen durch eine dosiertes „Heranzoomen" den Zuschauer (Leser) nah an das Geschehen bringen. Außerdem

Erneute Versuche eines „Schlussstriches" wurden in der „Walser-Bubis-Debatte" ebenso abgewehrt wie die wiederholte Herausforderung des antisemitischen Tabus (z.B. durch Jürgen Möllemann um die Jahrtausendwende). Alle Debatten führten nur zu einer Bestätigung der in den achtziger Jahren definierten Rolle der NS-Vergangenheit für die politische Kultur.

Trotz dieser (dominanten) Interpretationskontinuität in den Grundpositionen kam es aber zu Veränderungen im Erinnerungsdiskurs. Insbesondere „Auschwitz" und der „Holocaust" lösten sich als Begriffe in der öffentlichen Kommunikation mehr und mehr von ihrem historischen Zusammenhang. „Nie wieder Auschwitz"[176] (Joschka Fischer) sollte es geben, im Kosovo, ebenso in Ruanda. Analogien zu nationalsozialistischen Verbrechen finden sich in den Diskussionen über die kriegerischen Konflikte der neunziger Jahren immer wieder.[177] Damit setzte ein Prozess der „Entmaterialisierung der NS-Verbrechen" ein,[178] bei der das spezifische Vokabular außerhalb des eigentlichen historischen Kontextes verwendet wird. Angefüllt mit Konnotationen anderer gewalttätiger Ereignisse wird „Auschwitz" zur Metapher, dessen Referenzrahmen vermeintlich nicht mehr erklärt werden braucht und zunehmend aus dem Blick gerät. Die Zusammenhänge zu einem einzelnen Konflikt werden nicht mehr gezogen, bzw. verschwimmen. Als Begründung für politisches Handeln (z.B. bei der Intervention in Ex-Jugoslawien) erübrigten sich die genauen Erläuterungen scheinbar zunehmend. Kriegsbeteiligungen werden damit begründet, Auschwitz verhindern zu wollen, oder für die Nichtteilnahme gestritten - wegen Auschwitz. Auschwitz wurde ubiquitär,[179] ein „ortloser Erinnerungsort" (Reichel), von vielen Nationen und Konfessionen mit den verschiedensten politischen Zielen in Anspruch genommen und instrumentalisiert.[180]

Eine „Entmaterialisierung" ließ sich auch auf anderen Ebenen und in anderer Wirkungsweise beobachten, z.B. in der Debatte um Steven Spielbergs Film „Schindlers Liste", einem der maßgeblichen Medienereignisse zur NS-Problematik in den neunziger Jahren. Neben der Kritik, ausgerechnet einen „guten", Juden rettenden Deutschen und damit die historische Ausnahme als Hauptfigur gewählt zu haben, entzündete sich an der Darstellung des Holocaust überhaupt eine Kontroverse. Vor allem Claude Lanzmann, Regisseur

---

wären auch die von Goldhagen vorgestellten Akteure auf eine unterkomplexe und damit rasche Rezeptionsmöglichkeit hin angelegt. Kohlstruck, M., 1998, S. 101.

[176] Fischer, J., 1999, Zeile 115 f.

[177] Thoma, A., 2002, S. 94-98.

[178] Ebenda, S. 86-103.

[179] Ruoff, A., 1995, S. 39.

[180] Reichel, P., 2001a, S. 209.

des Dokumentarfilmes „Shoah", (F 1985; Regie: Claude Lanzmann) brachte seine Vorstellung des Holocaust als „absolutem", nicht erfassbaren Ereignis in der ebenso absoluten Forderung nach einem „Bilderverbot" zum Ausdruck.[181] Hier verdeutlichte sich eine Tendenz, die ebenso wie die Verwendung von „Auschwitz" als sich selbsterklärender Metapher, dahin strebt, dem Holocaust eine gleichbleibende und nicht zu hinterfragende Bedeutung zu geben.[182] Die Begriffsverwendung bezieht sich zwar auf das eigentliche historische Ereignis und nimmt keine weiteren Gewalttaten der Menschheitsgeschichte auf, um etwa eine „Kategorie Auschwitz" zu bilden. Die Loslösung vom historischen Kontext findet aber statt, indem der Holocaust durch ein „Verbot des Hinterfragens" geschützt wird. Die Singularitätsthese wird hier manifestiert (bzw. zeigt sich seine Manifestierung). All dies entfernt die Darstellung von den historischen Ereignissen. Dies meint der Begriff der „Entmaterialisierung."[183] Wenn der Umgang mit Geschichte die stete Neudeutung und damit eben auch Hinterfragung derselben für die Gegenwart bedeutet, wird mit dieser Argumentation versucht, genau das zu verhindern. Dieser Umgang mit der NS-Vergangenheit behauptete sich in den neunziger Jahren und birgt die Gefahr, den historischen Kontext der Verbrechen wieder aus den Augen zu verlieren - und damit auch Erkenntnisgewinne über die Ursachen zu erschweren.

In jedem Fall zeigt sich auch im neuen Jahrtausend, dass die Beschäftigung mit der NS-Vergangenheit nicht zur Ruhe kommt. Der Erinnerungsdiskurs öffnet sich im sechsten Jahrzehnt nach Kriegsende weiter. 2002 stießen eine

---

181 *„Der Holocaust ist vor allem darin einzigartig, daß er sich mit einem Flammenkreis umgibt, einer Grenze, die nicht überschritten werden darf [...] Wer es tut macht sich der schlimmsten Übertretung schuldig. Die Fiktion ist eine Übertretung, und es ist meine tiefste Überzeugung, daß jede Darstellung verboten ist.*" Lanzmann, C., 1994, S. 27.

182 Kohlhammer, S., 1994, S. 501-509.

183 Auch auf der Ebene der Gesetzgebung finden sich in der Neufassung des §103 StGB (Volksverhetzung) Hinweise für diese Entwicklung. Schon seit 1985 war die Leugnung des Völkermordes nach §185 strafbar. Mit der Neufassung von 1994 wurde der Paragraphen verschärft. Er sieht jetzt eine Bestrafung desjenigen vor, der den Völkermord der Nazis öffentlich "in einer Weise, die geeignet ist, den öffentlichen Frieden zu stören [...] billigt, leugnet oder verharmlost."(§ 130 StGB) Dabei geht der Begriff des Verharmlosens über den bisherigen Schutz der persönlichen Ehre der Opfer hinaus. Peter Fuhrt sieht darin den Ausdruck der sakralen Funktion, die der Holocaust mittlerweile für das öffentliche Bewusstsein der Bundesrepublik hätte. Es würde sich zeigen, dass die Sachverhalte für den Schutz der Wahrheit als nicht ausreichend angesehen werden. Deshalb würden Gebots- und Verbotstafeln errichtet, denn es stünde etwas in Frage, für das Hoheit und Heiligkeit in Anspruch genommen würde. Kohlstruck, M., 1998, S. 87. Und Fuhrt, P., 1997, S. 53.

Reihe von neuveröffentlichten Werken deutscher und internationaler Historiker auf großes Interesse in der Öffentlichkeit. Sie lösten eine Kontroverse aus, weil sie das etablierte Geschichtsbild der Deutschen als Täter herausfordern, indem sie den Blick auf deren Leid durch Vertreibung, Bombenkrieg und die Gräuel der sowjetischen Besatzer richten.[184] Neben einer Reihe anderer Bücher[185] trug der Roman „Im Krebsgang" des Nobelpreisträgers Günter Grass[186] erheblich zur Wahrnehmung dieser Diskussion bei. Er behandelt die Versenkung des Flüchtlingsschiffes Wilhelm Gustloff durch die russische Marine. Ein anderes Beispiel ist die ZDF-Serie „Die große Flucht" von Guido Knopp (D 2002, Regie: Anja Greulich, Cristian Deick). Während Kritiker eine Transformation der „Täter- in eine Opfergesellschaft" befürchteten,[187] weil dabei die Erinnerung an die Opfer der Deutschen verblassen könnte, argumentierten die Fürsprecher mit der Notwendigkeit der Erweiterung des Geschichtsbildes aufgrund der historischen Wahrheit. Systematische Barbareien seien auf allen Seiten begangen worden.[188] Wenn wir ein vollständiges Bild der NS-Vergangenheit erhalten wollten, argumentierte Günter Grass, dürften weder die Täter noch die Opfer unter den Deutschen in Vergessenheit geraten. Doch was soll wie erinnert werden? Offensichtlich ist diese Frage nicht abschließend zu klären - und soll es auch gar nicht sein. Jede Epoche hat und jede Generation führt ihren eigenen Erinnerungsdiskurs, verändert und ordnet die Vergangenheit neu und bestimmt so deren Bedeutung für sich. Die unendliche Debatte selbst ist dabei die stärkste Erinnerung.

---

184 U.a. Friedrich, J., 2002a. Und Seidler, F./de Zayas, A., 2002.

185 Ausgehend von der Befassung mit Vertreibung und Bombenkrieg würden auch andere Werke wie „Und wenn wir nur eine Stunde gewinnen" von Peter Schneider hinterfragt. Schneider beschreibt in seinem Buch die Rettung eines jüdischen Musikers dank deutscher Helfer. Unter dem Vorwurf einer Entlastung der Deutschen von ihrer Schuld wurde er dafür angegriffen. Ebenso kritisiert wurden „Der Vorleser" von Bernhard Schlink, oder Dieter Fortes Roman „Der Junge mit den blutigen Schuhen". Beiden wurde vorgeworfen, sie würden die Schuld der Deutschen an Holocaust und Zweiten Weltkrieg verharmlosen. Hage, V., 2002, S. 178-181.

186 Grass, G., 2002.

187 Hage, U., 2002, S. 178-181.

188 Friedrich, J., 2002b, S. 104-106.

4. Zusammenfassung Teil A

Die Frage, welche Faktoren, neben materiellen, die Stabilität demokratischer Regierungsformen bestimmen, führte vor allem nach dem Zweiten Weltkrieg zu der Beschäftigung mit den affektiven Grundlagen politischer Systeme. Den Nationalsozialismus in seinem Entstehen und Nachwirken besser zu verstehen, spielte dabei für Deutschland von Anfang an eine zentrale Rolle. Hierfür bot sich die politische Kulturforschung an, die danach fragt, welche subjektiven Bedingungen das Handeln der Mitglieder einer Gesellschaft tatsächlich bestimmen.

Politische Kultur bezeichnet dabei die Gesamtheit der Orientierungen einer Bevölkerung gegenüber einem politischen System einschließlich seiner Repräsentanten. Unter „Orientierungen" werden Werthaltungen, Einstellungen und Meinungen verstanden. Auf der Handlungsebene kommen außerdem Verhaltensweisen als Teil der Politischen Kultur dazu.

Im Kontext des Umganges mit der NS-Vergangenheit treten hier folgende Fragen auf: Inwieweit und in welcher Weise wurden die Geschehnisse der NS-Zeit, deren Ursachen und Nachwirkungen aufgearbeitet? Welche Entwicklung der Politischen Kultur lässt sich damit zusammenhängend beschreiben und aus den kommunikativen (öffentlichkeitswirksamen) Ereignissen heraus wechselwirksam erhellen?

Politische Kultur ist dabei nur indirekt zu erfassen. Öffentlichkeit, hergestellt durch die Medien als „Seismografen kollektiver Befindlichkeiten", ist ein „Ort", an dem sich politische Kultur abbildet, an dem sie (u. a.) entsteht und durch den sie weitergegeben wird. Öffentlichkeit hat dadurch für die Politische Kultur eine besondere Funktion und ist eine sinnvolle Kategorie für die Politische Kulturforschung: Langzeituntersuchungen und Einzelfallstudien lassen sich über den Begriff „Öffentlichkeit" zueinander in Beziehung setzen.

In diesem Sinne werden hier die Zuschauerbriefe zu „Holocaust" mit der Auseinandersetzung über den NS verbunden. Die Zuschauerbriefe (1.) sind ein Teil des Medienereignisses (2.) „Holocaust", das wiederum zum öffentlichen Umgang mit der NS-Vergangenheit (3.) gehört. In allen drei „Untersuchungsfeldern" bildet sich Politische Kultur ab.

Die Nachkriegszeit bis in die zweite Hälfte der fünfziger Jahre war eine Zeit des „relativen Schweigens". Rückblick und Auseinandersetzung mit der NS-Vergangenheit wurden eher vermieden. Die Einstellungen gegenüber der NS-Vergangenheit waren geprägt von dem Wunsch sie ruhen zu lassen („Schlussstrich"), um die Nöte der Gegenwart zu bewältigen. Kam es dennoch zum Rückblick, dann erschien die Vergangenheit oftmals in verkürzter oder geschönter Form. Die verbrecherischen Seiten des NS und die schuldhafte Verstrickung der Deutschen wurden, wenn möglich, nicht thematisiert. Schuld zugesprochen wurde einigen wenigen Verbrechern wie Hitler und der obersten Führungsriege des NS, das deutsche Volk wurde als ein Opfer von ihnen beschrieben.

Mit dem zweiten Drittel der fünfziger Jahre wandelte sich das öffentliche „Klima" langsam. Die Politische Kultur veränderte sich. Der auch weiterhin verbreitete Unwille zu einer Auseinandersetzung mit der Vergangenheit übte keine wirksame Bremsfunktion mehr aus, und die Intensität der Auseinandersetzung nahm in den sechziger Jahren stetig zu. Strafprozesse wie der Eichmann-Prozess und antisemitische Vorfälle hielten das Thema NS-Vergangenheit über einen langen Zeitraum in der Öffentlichkeit und führten zu weiteren Aufklärungen über den NS. Personelle Verknüpfungen zwischen „Drittem Reich" und BRD und die Fortbestände nationalsozialistischen Gedankenguts bei jungen Menschen als Gefährdung der Gegenwart wurden thematisiert. Täterschaft und Dimension des Völkermordes rückten ins Bewusstsein. Der Holocaust wurde zum eigenen Thema außerhalb des Kriegskontextes, Auschwitz zum Symbol für die Schrecken des NS. Es begann sich eine Politische Kultur durchzusetzen, die der Aufarbeitung der NS-Vergangenheit als Grundlage einer stabilen, demokratischen Gegenwart Vorrang gibt vor einer reduzierten oder Nichtthematisierung.

Diese Entwicklung setzte sich in der Folgezeit fort, hatte aber ab Ende der sechziger Jahre nicht mehr die Intensität des vorangegangenen Jahrzehnts. Eine massive Kritik an der als völlig ungenügend empfundenen Entnazifizierung und ein scharfer Generationenkonflikt (mit der Frage nach der „Schuld der Eltern") brach im Zusammenhang der „`68er-Revolte" auf. Es entstand ein neuer Interpretationsrahmen. Der Schwerpunkt der öffentlichen Debatte lag in der Frage nach Zusammenhängen zwischen Kapitalismus und Faschismus: Gesellschaft, Wirtschaft und Staat wiesen in ihren Organisationsformen, sozialen Prägungen und Mustern vermeintlich dieselben Bedingungen auf, die schon das Entstehen des „Dritten Reiches" ermöglicht hatten. Die Ursachen für den Nationalsozialismus wurden im Kapitalismus gesehen und bestünden mit diesem fort. Die Auseinandersetzung mit dem NS verknüpfte sich dadurch mit einer grundsätzlichen Kritik an der BRD, die, nach dieser Interpretation, als Gegenentwurf („Negativfolie NS") zum Dritten Reich nicht ausreichte. Die Einstellungen gegenüber dem NS und seine nachwirkende Bedeutung waren geprägt durch die übergeordneten politischen Themen innerhalb des (weltweiten) „Links-Rechts-Konfliktes". Mit der Frage nach den Vorbedingungen des NS und deren Fortbestand ging aber auch eine Abkehr vom Bild des „Dritten Reiches" als schicksalhaftem Verhängnis einher. Der

NS wurde stärker verortet in der Kontinuität der deutschen Geschichte. Ab 1977 intensivierte sich, als Reaktion auf die sogenannte „Hitler-Welle“, die öffentliche, kritische Auseinandersetzung mit dem NS quantitativ wieder. Auch wurde der Blick wieder stärker auf einzelne Ereignisse gerichtet. Das Medienereignis „Holocaust“ passte in diesen Trend (bzw. war Teil desselben). Es öffnete dann mit seiner breitenwirksamen Enttabuisierung für viele den Weg erstmals überhaupt über die NS-Vergangenheit zu sprechen. Die Opfer des NS gelangten deutlicher in den Fokus der Auseinandersetzungen. Eine Entwicklung, die sich in den folgenden Jahren noch verstärkte.

Mit der geleisteten Aufklärung über den NS hatte sich „Auschwitz“ zu diesem Zeitpunkt in der dominierenden Lesart als Kristallisationspunkt deutscher Geschichte etabliert, der nur zu einer negativen nationalen Identitätsbildung führen kann. Die achtziger Jahre waren geprägt von dem Versuch konservativer Kreise, diese Geschichtsdeutung zu durchbrechen, um ein positiveres Selbstbild der Deutschen als Deutsche zu ermöglichen. Es entstand ein „Kulturkampf“ um die dauerhafte Bedeutung der NS-Vergangenheit für Deutschland. Die Erkenntnis, dass die Erinnerung an die NS-Verbrechen und ihre Opfer einen bleibenden Platz im Selbstbewusstsein Deutschlands einnehmen würde, setzte sich in den Konflikten durch. Die Interpretation des Holocaust als singulärem und „Auschwitz“ als zentralem negativen Ereignis in der deutschen Geschichte blieb bis heute erhalten und verstärkte sich noch.

Auch Befürchtungen, das Interesse an der NS-Vergangenheit würde durch die Umwälzungen des Jahres 1989 erlahmen, erwiesen sich als falsch. In dem Jahrzehnt nach Zusammenbruch des „Ostblocks“ folgte eine Vergangenheitsdebatte auf die andere. Dabei wurde der Grundkonsens über den „Ort“ des NS in der deutschen Erinnerung immer wieder herausgefordert - und verteidigt. Die NS-Vergangenheit behielt ihren Platz als zentralstes Ereignis für das Selbstverständnis der Bundesrepublik. Alle Debatten führten nur zu einer Bestätigung der in den achtziger Jahren definierten Rolle der NS-Vergangenheit für die politische Kultur.

Trotz dieser (dominanten) Interpretationskontinuität in den Grundpositionen kam es zu Veränderungen im Erinnerungsdiskurs. Ein Prozess der „Entmaterialisierung der NS-Verbrechen“ setzte ein, bei dem sich insbesondere „Auschwitz“ und der „Holocaust“ als Begriffe zunehmend von ihrem historischen Zusammenhang lösten. „Auschwitz“ wurde ubiquitär und als Metapher für die verschiedensten politischen Ziele instrumentalisiert. Hier zeigt sich eine Politische Kultur, die die NS-Vergangenheit verstärkt als Argumentationsreservoir verwendet.

Eine Veränderung, deren Wirksamkeit noch nicht abzusehen ist, erfährt der Erinnerungsdiskurs seit der Jahrtausendwende: Das etablierte Bild der

Deutschen als Gesellschaft der Täter wird herausgefordert durch die zunehmende Thematisierung ihres Leides durch Vertreibung, Bombenkrieg und die Gräuel der sowjetischen Besatzer. Eine Reihe von Autoren argumentiert in neueren Veröffentlichungen, dass, wenn wir ein vollständiges Bild der NS-Vergangenheit erhalten wollten, weder die Täter noch die Opfer unter den Deutschen in Vergessenheit geraten dürften.

Teil B: Fallstudie „Holocaust“

5. Das Medienereignis „Holocaust“

Im folgenden Kapitel sollen vor der Analyse der Zuschauerbriefe die Produktions- und Sendeumstände zu „Holocaust“ dargestellt werden. Außerdem ist es sinnvoll, ein Bild von den Reaktionen auf „Holocaust“ in der Bundesrepublik insgesamt zu bekommen, da die Zuschauerbriefe hier als Teil der öffentlichen Diskussion zu „Holocaust“ verstanden werden. Die Grundproblematik von „Holocaust“ ist der Widerspruch zwischen einer Fernsehserie, die aufgrund ihrer Erzählform dem historischen Ereignis nicht gerecht werden kann, gleichzeitig aber durch eben diese Erzählform eine große Wirkung auf die Zuschauer ausübte. Den Verantwortlichen beim WDR waren die Mängel der Serie bewusst, sie wollten „Holocaust“ aber als Instrument für eine gesellschaftsweite Auseinandersetzung über die NS-Vergangenheit und die Judenvernichtung nutzen.

Um diese Zweischneidigkeit zu begreifen, die wiederum das Medienereignis „Holocaust“ erst entfachte, ist es sowohl notwendig, „Holocaust“ inhaltlich zu kennen, als auch die Absichten des WDR zu beschreiben, die mit der Ausstrahlung verbunden waren. Die Besonderheit der Erzählform und die daraus entstehende Problematik wird so verständlich. Die spezifische Machart hängt auch mit der Entstehungssituation zusammen. Sie wird kurz skizziert.

Mehrere Faktoren machten „Holocaust“ zu einem Medienereignis. Neben der Machart waren die Planungen des WDR und die daraus folgende PR-Arbeit wichtig. Nicht zuletzt schien das Thema einen Nerv getroffen zu haben: Das richtige Ereignis traf zum richtigen Zeitpunkt auf den richtigen Ort.

5.1. Entstehungssituation, Produktions- und Sendedaten

Der amerikanische Sender NBC beauftragte Gerald Green 1976 mit dem Verfassen des „Holocaust“-Drehbuches. Gerald Green wurde 1922 geboren und wuchs in Brooklyn, New York auf. Er stammt aus einer jüdischen Familie und hatte als Drehbuchautor und TV-Produzent gearbeitet. Außerdem hatte er bereits mehrere Bücher über das „Dritte Reich“[189] sowie Romane geschrie-

[189] Lietzmann, S., 1979, S. 36.

ben.[190] Die Entscheidung für die Bearbeitung des historischen Mordes an den Juden fiel in der Woche, als der Konkurrenzsender ABC mit der Ausstrahlung des Sklavenepos „Roots" einen immensen Publikumserfolg errungen hatte. Die NBC lag zu diesem Zeitpunkt in der Publikumsgunst hinter den beiden anderen großen US-Sendern ABC und CBS zurück und wollte auf dem US-Markt zu den Konkurrenten aufschließen.[191]

Produziert wurde „Holocaust" von Herbert Brodkin und der New Yorker Produktionsfirma „Titus Productions".[192] Regie führte Marvin Chomsky. Chomsky hatte bereits bei „Roots" mitgearbeitet und dort Erfahrung in der Verfilmung historischer Stoffe gesammelt. Durch den Film „Unternehmen Entebbe" (USA 1976; Regie: Marvin Chomsky),[193] der in wenigen Wochen abgedreht wurde, war er in den Ruf eines „Schnellschuss-Spezialisten" gekommen.[194]

Die Dreharbeiten zu „Holocaust" fanden zwischen Juli und November 1977 in Berlin und Österreich statt. Die Außenaufnahmen für Szenen im Warschauer Ghetto entstanden im Berliner Bezirk Wedding. Für die Handlungsstränge in Auschwitz und Buchenwald wurde das KZ Mauthausen als Kulisse gewählt. Ungarn, die Tschechoslowakei und Jugoslawien lehnten Drehgenehmigungen mit der Begründung ab, das Drehbuch enthalte zionistische Elemente.[195]

„Holocaust" wurde in den USA zwischen dem 16. und 19.04.1978 ausgestrahlt und erreichte mindestens 70 Millionen Zuschauer.[196] Die vier Folgen haben zusammen eine Länge von ca. 7 Stunden. In den USA dauerte die Serie mit den Unterbrechungen durch Werbespots ca. 9 1/2 Stunden.[197] Als der WDR „Holocaust" ankaufte, hatten bereits mehr als 30 Länder die Sen-

---

[190] Thiele, M., 2001, S. 307. Zu den Romanen z.B. Green, G., 1961. Green verfasste auch einen Roman zu „Holocaust": Green, G., 1979.

[191] Lietzmann, S., 1979, S. 36.

[192] Knilli, F./Zielinski, S., 1983, S. 9.

[193] Es geht darin um eine Geiselbefreiung durch eine israelische Spezialeinheit in Uganda 1976.

[194] Thiele, M., 2001, S. 307.

[195] Ebenda, S. 298.

[196] Martina Thiele nennt die Zahl von ca. 120 Millionen Zuschauern in den USA. In einem Aufsatz in „Im Kreuzfeuer..." (Zu dem Beitrag wird kein Autor genannt) ist von ca. 70 Millionen Zuschauern die Rede. Ebenda, S. 307. Und Tele-Biss, 1979, S. 42.

[197] Lietzmann, S., 1979, S. 35.

derechte erworben.[198] Die Serie löste weltweit Debatten aus. „Holocaust" wurde zu einem internationalen „Medienereignis".[199]

Die Erstausstrahlung in der BRD fand in den zusammengeschalteten dritten Programmen der ARD am 22., 23., 25. und 26.01.1979 jeweils um 21.00 Uhr statt. Nach den einzelnen Folgen schloss sich die Sendung „Anruf erwünscht" an. Dort diskutierten Historiker, Publizisten, Zeitzeugen etc. über „Holocaust". Zuschauer konnten telefonisch Fragen stellen.[200] Die Einschaltquoten stiegen von anfangs 31% der eingeschalteten Geräte kontinuierlich und erreichten mit 40% ihren Höhepunkt beim abschließenden vierten Teil. Das entsprach zwischen 10,41 Millionen Zuschauern für die erste Folge und dann 14,38 Millionen Zuschauern bei der letzten Folge. Jeweils etwa ein Viertel bis ein Drittel der erwachsenen Bundesbürger (ab 14 Jahren gerechnet) schauten bei den einzelnen Teilen zu. Insgesamt sahen 48,1% der Bundesbürger ab 14 Jahren mindestens eine Folge der Serie.[201]

Mit der Vielfalt der heutigen Medienlandschaft wäre eine solche fokussierte Aufmerksamkeit nicht mehr möglich. Die öffentlich-rechtlichen Sendeanstalten waren 1979 und 1982 Monopolisten auf dem deutschen Fernsehmarkt. Sie bestimmten die Programmgestaltung allein. Die Auswahl der Fernsehkanäle war mit dreien (plus teilweise einem Kanal aus der DDR) gering, was eine hohe Aufmerksamkeit an den Hauptsendeplätzen garantierte, auch auf den dritten Programmen.

5.2. Die Planungen des WDR und der Bundeszentrale für politische Bildung

Als der WDR die Rechte erwarb, waren sich die Verantwortlichen der Besonderheit der Serie und ihrer Wirkung im Klaren, wenn auch die Resonanz in ihrer ganzen Bandbreite nicht vorhersehbar war. Die in den USA bereits stattfindende Debatte vermittelte einen Eindruck von möglichen Reaktionen. Zudem war Deutschland als „Land der Täter" für die Ausstrahlung ein „Sonderfall". Der WDR suchte eine Zusammenarbeit mit der Bundeszentrale für politische Bildung (Bundeszentrale). Man ging an beiden Stellen davon aus, dass

198 Knilli, F., 1979, S. 23.
199 Thiele, M., 2001, S. 135.
200 Billiger als „Roots"... (kein Verfasser genannt), 1979, S. 25.
201 Magnus, U., 1980, S. 535 f.

„Holocaust" auch in Deutschland große Popularität erlangen würde und wollte diesen Umstand für die politische Bildungsarbeit nutzen.[202]

Der Kritikpunkt, ein hochbrisantes Thema würde in einer trivialisierter Form behandelt, war den Zuständigen ebenso bewusst, wie die teilweise geschönte oder sogar verfälschte Wiedergabe von Geschichte.[203] Die pädagogischen Überlegungen überwogen aber die filmästhetischen Mängel. Der WDR und die Bundeszentrale verfolgten mit der Ausstrahlung von „Holocaust" ein gesellschaftspolitisches Konzept: Die Verantwortlichen waren 1977 überzeugt, dass in Deutschland sowohl ein latenter Antisemitismus, als auch eine zunehmende Fremdenfeindlichkeit festzustellen wären.[204] Umfragen ergaben, dass selbst 30 Jahre nach dem Ende des Nationalsozialismus viele Bundesbürger der Meinung waren, der NS sei prinzipiell eine gute Sache gewesen, die nur schlecht durchgeführt wurde. Auch der Widerstand gegen Hitler war in weiten Teilen der Gesellschaft nicht anerkannt.[205] Durch eine größeren Akzeptanz des Widerstandes sollte eine höhere Zustimmung zum demokratischen System der BRD erreicht werden. Auch die Politiker, die sich (und die BRD) Ende der siebziger Jahre in der positiven Traditionslinie des Widerstandes stehen sahen, sollten durch eine größere Akzeptanz ihrer Haltung in der Bevölkerung gestärkt werden.[206]

Zudem wurde zu diesem Zeitpunkt diskutiert, die Verjährungsfrist für Kriegsverbrechen aufzuheben. Die Bundeszentrale hoffte auch hierfür durch eine öffentliche Debatte Unterstützung zu finden. Dabei sollte „Holocaust" ein „Grundreiz" sein, sich zu informieren und sich an Diskussionen in der Familie, am Arbeitsplatz, in der Schule oder im Freundeskreis zu beteiligen.[207] Die Wirkung der Serie sollte unterstützt, gelenkt und evaluiert, ihre Mängel ausgeglichen werden (dazu gehörten historische Ungenauigkeiten und die problematische Verkürzung des historischen Holocaust in Form einer „Familienserie". Auf diese Problematik wird weiter unten genauer eingegangen).

---

202 Ernst, T., 1978, S. 82.

203 Wiesel, E., 1979, S. 26 ff. Wiesel führt dort eine Reihe historischer Ungenauigkeiten auf: Z.B. kritisiert er einen falschen Segensspruch bei einer jüdischen Hochzeit oder die Tatsache, dass in „Holocaust" Juden Koffer und andere persönliche Dinge nach Auschwitz mitnehmen, während dies in Wirklichkeit verboten war. Außerdem wirft er den Machern vor, in „Holocaust" würden stereotype Juden und Deutsche dargestellt. Wilhelm van Kampen stellt ebenfalls eine Liste von historisch falschen Darstellungen auf. Kampen, W., 1978, S. 15 f.

204 Brandt, S., 1999, S. 90.

205 Ebenda

206 Ebenda

207 Ebenda

Das Marplan-Institut wurde 1978 beauftragt, eine repräsentative Umfrage durchzuführen (siehe genaueres Kapitel 5.5.), die kurz vor, während und nach der Ausstrahlung die Zuschauerreaktionen ermitteln sollte. Die empirischen Untersuchungen dienten insbesondere dazu, auf die Praxis politischer Bildungsarbeit bezogene Datengrundlagen zu erhalten. Denkmuster und Lernprozesse in Hinblick auf die NS-Zeit sollten besser verstanden, respektive in Gang gesetzt werden können.[208]

Die Bundeszentrale brachte im Vorfeld der Ausstrahlung eine Arbeitsmappe mit Lehrmaterialien mit dem Titel „Holocaust Materialien zu einer amerikanischen Fernsehserie über die Judenverfolgung im 'Dritten Reich'" heraus. In ihr werden Hintergrundinformationen zu den in „Holocaust" gezeigten historischen Ereignissen gegeben, z.B. zu der Ermordung geistig Behinderter in der Klinik Hadamer. Dort wird auch auf die historischen Fehler eingegangen und diese werden, soweit möglich, richtiggestellt.[209] Der WDR vorbereitete und begleitete die Ausstrahlung mit einer Reihe von Dokumentationen, z.B. „Antisemitismus" (D 1979, Regie: Erhard Kloess) und „Endlösung" (D 1979, Regie: Paul Karalus).[210]

Zehn Tage vor dem ersten Sendetermin wurde ein zweitägiges Presseseminar veranstaltet, bei dem ausgewählte Kritiker durch eine Pressevorführung mit anschließender Diskussion von dem Nutzen der Serie überzeugt werden sollten, um negativen Reaktionen entgegenzulenken bzw. vorzubeugen. Der Grund dafür war das Erscheinen ablehnender Artikel im Vorfeld der Ausstrahlung. Einige Journalisten hatten die Debatten in den USA aufgegriffen, sich Kopien schicken lassen, und „Holocaust" in Vorbesprechungen ablehnend bewertet, hauptsächlich mit dem Vorwurf der Trivialisierung und Unangemessenheit der Umsetzung angesichts der zugrundeliegenden historischen Ereignisse.[211] Die PR-Aktion gelang, und Ivo Frenzel, einer der zuständigen WDR-Redakteure, bilanzierte, die Kritiken seien nach dem Seminar differenzierter geworden und die anwesenden Journalisten hätten von der Notwendigkeit der Ausstrahlung überzeugt werden können.[212] Neben diesen begleitenden Maßnahmen wurde aber auch ein Eingriff in der Serie selbst vorgenommen. Der WDR schnitt an einigen Stellen in Folge II und III die Szenenreihenfolge um. Außerdem wurde die gesamte Schlusssequenz verändert. Die Änderungen wurden zum Teil mit der Korrektur historischer Ungenauigkei-

[208] Ernst, T., 1980, S. 509.

[209] Kampen, W., 1978, S. 15-21.

[210] Thiele, M., 2001, S. 311.

[211] Ebenda

[212] Frenzel, I., 1979, S. 21.

ten begründet. Der abgewandelte Schluss sollte die „Schuldfrage“ hervorheben.[213] Die Unterschiede werden im nächsten Abschnitt mit der genaueren inhaltlichen Darstellung deutlich.

5.3. Inhaltsangabe: „Holocaust – Die Geschichte der Familie Weiss“

Teil I: „Die hereinbrechende Dunkelheit“ (1935-1940)

Berlin 1935: Eine Hochzeit findet statt. Karl Weiss, der älteste Sohn des jüdischen Arztes Dr. Joseph Weiss, heiratet Inga Helms, Tochter einer kleinbürgerlichen, katholischen Familie. Noch ist dies möglich. Doch gleichzeitig werden Differenzen in der Hochzeitsgesellschaft spürbar. Nicht alle Gäste sehen es gerne, dass Inga einen Juden heiratet. Heinz Müller, ein Freund der Helms´, bemerkt, dass solche „Mischehen“ bald verboten würden. Die Vorzeichen einer ungewissen und bedrohlichen Zukunft sind nicht mehr zu übersehen.

Während die Zeiten für die Familie Weiss schwieriger werden, profitieren andere von ihnen. Erik Dorf, ein junger arbeitsloser Jurist, bewirbt sich bei der SS. Seine ehrgeizige Frau Martha treibt ihn dazu. Obwohl eigentlich ein unpolitischer Mensch, lässt er sich überreden. Er wird Referent von Reinhardt Heydrich, dem Leiter der Geheimpolizei und rechten Hand des SS-Führers Heinrich Himmler. Die Familien Weiss und die Dorf sind seit vielen Jahren miteinander bekannt. Schon die Eltern von Erik Dorf waren Patienten von Dr. Weiss. Jetzt distanziert sich Erik Dorf von der jüdischen Familie, rät ihnen aber noch, zu emigrieren.

Der Antisemitismus greift immer mehr um sich. Bald darf Dr. Weiss keine „arischen“ Patienten mehr behandeln. Sein zweiter Sohn Rudi wird aus seiner Fußballmannschaft ausgeschlossen, weil er Jude ist. Langsam aber stetig wird das Leben der Weiss´ eingeschränkt. Die Frage der Auswanderung stellt sich immer wieder. Doch der Glaube an die Vernunft der Menschen und vermeintliche Kultiviertheit der Deutschen, das Selbstverständnis Deutscher zu sein, und die Furcht vor einem Neubeginn in einem anderen Land, halten sie zurück. Vor allem Berta Weiss-Palitz, Dr. Weiss´ Frau, möchte ihre Heimat nicht verlassen.

[213] Brandt, S., 1999, S. 90.

In der Reichspogromnacht wird Heinrich Palitz, Bertas Vater, zusammengeschlagen. Auch seine Auszeichnung als Offizier des Ersten Weltkriegs schützt ihn nicht vor dem nationalsozialistischen Mob. Seine Buchhandlung wird verwüstet, die Bücher werden verbrannt. Kurze Zeit später wird Karl verhaftet und in Buchenwald inhaftiert. Dr. Weiss verliert seine Praxis und wird nach Polen abgeschoben. Gemeinsam mit seinen Patienten Herrn und Frau Levy übertritt er die Grenze. Ermüdet von den immer schlimmer werdenden Repressalien, nehmen sich seine Schwiegereltern in Berlin das Leben.

Währendessen erklimmt Erik Dorf die Karriereleiter bei der SS. Er erfindet die juristischen Termini für die Deportationen: „Rückführung“, „Umsiedlung“ etc. und lernt Adolf Eichmann kennen, den Leiter des „Judenreferates im Reichssicherheitshauptamt“ und Organisator der Deportationen. Als der Zweite Weltkrieg beginnt, ist er kurze Zeit später in Polen und bespricht mit Hans Frank, dem Generalgouverneur des besetzten Gebietes, die Einrichtung der Ghettos.

Auch Ingas Bruder Hans ist als Soldat in Polen und sieht bei der Verbrennung von Juden in einer Synagoge zu. Die Nachrichten von Gräueln in den besetzten Gebieten dringen bis nach Deutschland. Anna, Karls jüngere Schwester, wird von SA-Männern vergewaltigt und verfällt in geistige Umnachtung. Sie wird in die Anstalt Hadamar eingewiesen und dort mit anderen Patienten durch Giftgas ermordet. Der kämpferische Rudi Weiss hat Berlin kurz vorher verlassen. Er wollte nicht warten, bis auch er verhaftet wird. Er schlägt sich nach Prag durch und wird dort von der Jüdin Helena Slomova vor der SS gerettet. Die beiden verlieben sich ineinander. Sie träumen davon, nach Palästina zu gehen und beschließen, weiter Richtung Osten zu fliehen.

Teil II: „Die Straße nach Babi Yar“ (1941-1942)

In Warschau wurde das Ghetto errichtet. Dr. Weiss arbeitet im dortigen Krankenhaus und ist, zusammen mit seinem Bruder Moses, Mitglied des jüdischen Rates. Er trifft dort seine Frau Berta wieder, die auch aus Berlin deportiert wurde. Sie kommt alleine. Erst jetzt erfährt Dr. Weiss von den Schicksalen seiner Kinder. Sein Sohn Karl sitzt immer noch in Buchenwald. Er muss im Steinbruch arbeiten und verliert langsam seine Lebenskraft. Inga, seine Frau, schafft es, Kontakt zu ihm aufzunehmen. Um ihm regelmäßig Briefe zukommen zu lassen und seine Versetzung in die Künstlerwerkstatt zu bewirken, muss sie sich jedoch mit dem früheren Freund der Familie Heinz Müller einlassen, der mittlerweile zur Wachmannschaft des KZs gehört.

Währendessen gelangen Rudi und Helena ins von Deutschen besetzte Kiew. Bei einer Bombenexplosion findet Rudi seinen verletzten Schwager

Hans Helms, der jetzt bei der SS ist. Er gehört zu einem der „Sonderkommandos", die für Massenerschießungen zuständig sind. Obwohl Rudi ihm das Leben rettet, verrät Hans ihn. Helena und Rudi werden verhaftet und kommen in eine Kolonne zehntausender Juden, die angeblich „umgesiedelt" werden sollen. Kurz bevor alle in der Schlucht von Babi Yar erschossen werden, können die beiden fliehen. Im Gebüsch versteckt werden sie Zeugen des Massakers.

Erik Dorf ist ebenfalls dort. Er soll in den besetzten Gebieten die Deportation und Ermordung der Juden überwachen. Als er sich bei einer Massenhinrichtung darüber beschwert, dass die Erschießungen nicht „effektiv" und „sauber" genug seien, zwingt ihn der darüber wütende Befehlshaber des SS-Sonderkommandos, Paul Blobel, selber einen Verletzten zu erschießen.

Im Warschauer Ghetto formiert sich langsam eine Widerstandsbewegung. Es sind junge Zionisten, die als erste beschließen, zu kämpfen. Nach einigem Zögern schließen sich auch die Brüder Weiss dem Widerstand an. Die ersten Gerüchte von dem Massenmord sind bis ins Ghetto gekommen, werden aber von den meisten Juden nicht geglaubt.

Währendessen ist es Weihnachten geworden. Erik Dorf ist in Berlin und feiert mit seiner Familie und seinem Onkel Kurt. Martha hat von ihrem Mann einen Flügel geschenkt bekommen. Er gehörte früher der Familie Weiss. In dem Instrument finden sie Fotos von ihren ehemaligen Nachbarn. Sie werfen sie in den Kamin. Kurze Zeit später nimmt Erik Dorf an der „Wannseekonferenz" teil, bei der die Vernichtung der Juden beschlossen wird, die sogenannte „Endlösung der Judenfrage".

In dieser Folge ist in der Deutschen Version eine Szenenfolge vertauscht. Die Darstellung einer Massenerschießung folgt im Original auf eine Szene im Warschauer-Ghetto. [214] Die deutsche Fassung zeigt zuerst die Erschießung, dann die Ghetto-Szene.

Teil III: „Die Endlösung" (1942-1944)

Karl Weiss wird aus dem KZ Buchenwald ins KZ Theresienstadt gebracht. Er arbeitet dort in den Künstlerwerkstätten. Die Nazis wollen mit ihrem „Muster-KZ" den wirklichen Umgang mit den Juden verbergen. Beobachter des Roten Kreuzes und neutraler Staaten werden herumgeführt. Leicht lassen sie sich täuschen. Sie zeigen kein besonderes Interesse, der Wahrheit auf den

[214] Clasen, J., 1998, S. 26.

Grund zu gehen. Karl und seine Malerkollegen wollen die Situation im Lager festhalten und fertigen heimlich Bilder vom Elend an.

Im Deutschen Reich werden die Repressionen ebenfalls schärfer. Die Gestapo schreckt auch vor der Deportation von Geistlichen nicht zurück. Als Ingas Gemeindepfarrer Lichtenberg nach Dachau kommt, beschließt Inga, nach Theresienstadt zu gehen. Heinz Müller, der KZ-Wächter aus Buchenwald, denunziert sie auf ihre Bitte bei der Gestapo. In Theresienstadt trifft sie Karl wieder.

Rudi und Helena haben sich Partisanen angeschlossen. Sie heiraten und lassen sich von einem Rabbi in ihrem Lager im Wald trauen. Rudi tötet in einem Kampf mit ukrainischen Milizen einen Jungen, der sonst entkommen wäre. Nur so kann er verhindern, dass die Deutschen das Versteck der Partisanen erfahren.

Die Exekutionen nehmen weiter zu. Himmler muss sich übergeben, als er bei Erschießungen zusieht. Er fordert daraufhin andere Vernichtungsmethoden. Die SS beginnt, Juden in Bussen durch Abgase zu töten. Erik Dorf sucht nach noch wirkungsvolleren Mitteln. Er informiert sich über das Giftgas Zyklon B und bestellt die erste Lieferung nach Auschwitz. Offiziell für die „Schädlingsbekämpfung". Der Ausbau von Auschwitz wird vorbereitet. Erik Dorf ist bei den Planungen dabei.

Die Zeichnungen aus Theresienstadt tauchen in Prag auf. Sie werden dort von der SS entdeckt. Dorf wird beauftragt, die Urheber zu finden. Er und Eichmann lassen Karl Weiss und zwei weitere Maler verhaften und foltern. Die drei geben jedoch das Versteck ihrer anderen Zeichnungen nicht preis und retten dadurch die Bilder als Zeugnis für die Nachwelt.

Währendessen beginnt die Auflösung des Warschauer Ghettos. Täglich müssen 6000 Juden das Ghetto verlassen, angeblich zur „Umsiedlung". Dr. Weiss kann einige Juden eine Zeit lang vor dem Abtransport retten, indem er vorgibt, sie seien krank und nicht reisefähig. Auch seine alten Freunde, die Levys, sind darunter. Er und die Widerstandkämpfer haben die Wahrheit über die Bestimmungsorte der Züge erfahren. Sie wissen jetzt, dass die Deutschen alle Juden töten wollen. Der Widerstand im Ghetto organisiert Waffen. Moses Weiss muss bei einem Treffen mit polnischen Untergrundkämpfern feststellen, dass der gemeinsame Feind nicht eint. Die polnischen Untergrundkämpfer helfen nur unwillig und lassen sich übermäßig bezahlen. Auch hier gibt es Antisemitismus. Die Juden im Ghetto stehen alleine gegen die Deutschen. Trotzdem sind sie entschlossen und bereiten sich mit ihren wenigen Waffen auf den Aufstand vor.

Zwei Sequenzen wurden in dieser Folge vom WDR verändert. Die Szenen im Warschauer Ghetto folgen in der US-Fassung direkt nach der Wiederbegegnung von Karl und Inga Weiss. Erst nach der Rettung der Levys durch Weiss kommt es zur Folterung Karls und seiner Gefährten.[215] Außerdem wird ein Gespräch von Karl Weiss mit einer Künstlerin vor den Überfall der jüdischen Partisanen auf ukrainische Milizen gesetzt.[216]

Teil IV: „Die Überlebenden" (1944-1945)

Erik Dorf zeigt Ernst Kaltenbrunner, Heydrichs Nachfolger, in Berlin Filmaufnahmen aus den Vernichtungslagern. Er erzählt von Versuchen, in den Krematorien mit Fließbändern zu arbeiten. Seine Frau Martha erfährt von dem Ausmaß der Verbrechen, als sie einen für Erik bestimmten Bericht findet. In ihm wird die Geheimhaltung aller Geschehnisse befohlen, damit „später keine Lügen" verbreitet werden könnten. Entgegen Eriks Befürchtungen ist sie jedoch nicht empört, sondern fordert von ihrem Mann, noch eifriger seine Aufgaben zu erfüllen. Erik Dorf dagegen ahnt die drohende Niederlage und fürchtet sich vor den Folgen. Er hat einen Zusammenbruch angesichts seiner eigenen Verbrechen und möchte nach Berlin versetzt werden. Nach Heydrichs Tod hat er bei der SS jedoch keine Fürsprecher mehr und wird abgewiesen. Gnadenlos setzt er seine Arbeit in Polen fort.

Im Warschauer Ghetto wird die Krankenstation von Dr. Weiss geschlossen. Seine Frau wird nach Auschwitz deportiert, kurz danach auch er selbst. Zusammen mit dem Ehepaar Levy kommt er im KZ an. Sein Bruder Moses entzieht sich der Deportation und taucht unter. Als das Warschauer Ghetto endgültig geräumt werden soll, beginnt der Aufstand. Nach der Niederschlagung, drei Wochen später, werden die Überlebenden erschossen. Unter ihnen ist auch Moses Weiss.

In Auschwitz sieht Dr. Weiss seine Frau Berta zum letzten Mal. Sie wird vergast. Er selbst überlebt durch eine Arbeit beim Straßenbau noch eine Zeit lang. Kurt Dorf, der Onkel von Erik Dorf, arbeitet dort als Ingenieur und versucht die Ermordung seiner Arbeiter zu verhindern. Er kann Erik letztendlich aber nicht davon abhalten, sie töten zu lassen. Auch Karl Weiss ist nach Auschwitz gekommen. Vor dem Abtransport aus Theresienstadt hat Inga ihm noch sagen können, dass sie ein Kind von ihm erwartet. Karl erfährt, dass seine Eltern ebenfalls dort waren. Physisch und psychisch erschöpft stirbt er kurz vor der Befreiung des Lagers.

Rudi überlebt eine schwere Verletzung. Helena wird bei einem Überfall auf einen deutschen Militärtransport erschossen. Er selbst gerät in Gefangen-

---

[215] Ebenda, S. 23.
[216] Ebenda, S. 26.

schaft. In Sobibor nimmt er Kontakt zu inhaftierten Rotarmisten auf, die einen Ausbruch planen. Die Flucht gelingt und Rudi macht sich alleine auf, seine Familie zu suchen.

Als der Krieg vorbei ist, wird Erik Dorf von den Amerikanern verhaftet. Er begeht Selbstmord. Sein Onkel Kurt überbringt die Todesnachricht Martha, die unverbesserlich bleibt. Sie verweißt ihn des Hauses, als er Erik als Mörder bezeichnet. In der Schlussszene bekennt Kurt Dorf, dass alle Deutschen schuldig geworden sind.

In der amerikanischen Originalversion folgen noch weitere sieben Minuten: Rudi trifft am Ende des Films in Theresienstadt Inga wieder. Inga plant, Karls Bilder auszustellen. Rudi wird von einem amerikanischen Offizier überredet, jüdische Kinder an der britischen Blockade vorbei nach Palästina zu schmuggeln.[217]

5.4. Interpretation

Die amerikanische und die deutsche Version verweisen auf zwei unterschiedliche Anknüpfungspunkte: Der amerikanische Schluss hebt den Zusammenhang zwischen dem historischen Holocaust und der Gründung des Staates Israel hervor. Die Legitimität Israels als einzigem Ort, an dem Juden sicher leben können, wird betont.

Dagegen schließt die Fassung des WDR mit der Frage nach einer Kollektivschuld der Deutschen. Der Charakter von Kurt Dorf ist als „gewöhnlicher" und zugleich „guter Deutscher" konzipiert, der in die Ereignisse hineingerät, selber keine Verbrechen begeht, versucht Opfern zu helfen und letztendlich als Teil des Gesamten seine eigene Verantwortung an den Verbrechen erkennt und annimmt. Der WDR begründete die Änderung folgendermaßen: *„Die Schlusssequenzen sind vom WDR gestrichen, weil wir [...] der Meinung waren, dass die Szene zwischen Onkel Kurt und Marta Dorf, in der ja auch die für unser Land so zentrale Frage der Mitschuld reflektiert wird, das angemessenere und wirkungsvollere Ende sei..."*[218]

Der Effekt der Serie sollte also gesteigert und in eine bestimmte Richtung gelenkt werden. Gleichzeitig war den Verantwortlichen beim WDR aber auch die Schlussszene der amerikanischen Version zu optimistisch und an sich unpassend. *"Wir haben in der Tat [...] recht kurz vor der Sendung beschlossen, auch noch*

[217] Brandt, S., 1999, S. 89.

[218] Ohne Angabe des Verfassers, zitiert nach: Brandt, S., 1999, S. 90.

auf die Schluss-Sequenz von Teil 4 zu verzichten, die uns in ihrem Cornflakes-Optimismus doch etwas unangemessen erschien." [219]

Nur für eine weitere Veränderung lässt sich eine Begründung finden. Eine Exekutionsszene aus dem Warschauer Ghetto wurde als historisch falsch herausgenommen, weil das Erschießungskommando polnische Armeemäntel trug.[220] Der Grund für die Veränderung der Szenenreihenfolge in den Teilen III und IV ist nicht festzustellen, Äußerungen aus dem WDR gibt es nicht.[221] Die Veränderung des Endes war bekannt, spielte aber in der Debatte um „Holocaust" keine große Rolle. In den Kritiken wurde darauf insgesamt kaum eingegangen,[222] obwohl es sich um einen nicht unerheblichen Eingriff in den Originalcharakter des Werkes handelt. Die Erzählstruktur und die Zeichnung der Charaktere, sowie die Machart der Serie insgesamt waren dagegen ein zentraler Punkt der öffentlichen Auseinandersetzung.[223]

Die Inhaltsangabe zeigt, dass eine Vielzahl von historischen Ereignissen auf sehr wenige Charaktere konzentriert wird. Die Familien Weiss und Dorf sind immer und überall präsent. Sie erleben so viele der bekanntesten Ereignisse, dass es unmöglich erscheint, die Mitglieder nur zweier Familien könnten tatsächlich überall dort gewesen sein. Dies ist ein dramaturgischer Kunstgriff. „Holocaust" versucht die Geschichte der Judenvernichtung umfassend darzustellen. Der Zuschauer soll quasi vom „Anfang" bis zum „Ende" über alles „Wesentliche" informiert werden. Da aber aufgrund des Formates des Spielfilms bzw. der Spielserie nur eine begrenzte Zahl von Charakteren zur Verfügung steht, werden die Ereignisse auf diese wenigen Personen konzentriert. Der Film verliert damit an Glaubwürdigkeit, den historischen Hintergrund adäquat darzustellen. Er verkürzt und vereinfacht ihn. Nur durch diese Konzentration kann jedoch eine andere Bedingung (dieser Erzählform) eingehalten werden: Das Identifikationsangebot an den Zuschauer soll hoch sein, was wiederum für die emotionale Reaktion wichtig ist. Der Zuschauer begleitet die Protagonisten durch ihr Schicksal und nimmt immer mehr Anteil am Geschehen. Auch als Erfolgskriterium ist diese Identifikation wichtig. Die emotionale Anteilnahme bindet den Zuschauer an die Serie. Hier folgt der

---

219 Ohne Angabe des Verfassers, zitiert nach: Clasen, J., 1998, S. 33. Das Zitat stammt laut Jens Clasen aus dem Ordner: WDR, Historisches Archiv, Signatur 7933.

220 Brandt, S., 1999, S. 90.

221 Jens Clasen vermutet, der WDR könnte sich an die Reihenfolge des Romans „Holocaust" von Gerald Green gehalten haben. Die Ereignis-Abfolge stimmt dort mit der deutschen Schnittfassung überein. Clasen, J., 1998, S. 26.

222 Ebenda

223 Siehe Kapitel 5.5. „Öffentliche Resonanz auf die Ausstrahlung".

Film einer Erzählstruktur, die in amerikanischen Filmen häufig ist.[224] Den Produzenten wurde wegen dieser Machart immer wieder die „Trivialisierung des Holocaust“ vorgeworfen.[225] Andere Schlagwörter waren „Familienserie“ oder „Soap Opera“.[226] „Holocaust“ erfüllt viele Kriterien einer Soap Opera offensichtlich nicht. Die Handlung stellt die Zuschauer einer extremen, unmenschlichen Situation gegenüber, die zudem einen historischen Hintergrund hat. Der Beobachter kann sich in keiner Weise erleichtert zurücklehnen und feststellen: „Das Böse wurde besiegt.“ Im Gegenteil, am Ende bleibt er zurück, konfrontiert mit dem Tod der Charaktere, mit denen er sich identifiziert, deren Leid er nachempfunden hat. „Holocaust“ entlässt das Publikum mit Bedrückung.

Trotzdem erinnern einige Aspekte der Machart an eine Soap Opera: Die kommerziellen Gründe „Holocaust“ zu produzieren gehören dazu, ebenso die Dialoglastigkeit der Handlung. Vor allem aber das Figurenkonzept, die Konzentration auf wenige Charaktere und die „Schwarz-Weiß-Zeichnung“ der beiden Familien sind typische Merkmale des Genres: Die „guten Weiss´“, die „bösen Dorfs.“ In den Charakteren finden sich zudem Identifikationsangebote für alle Altersgruppen. Und zuletzt wird dem Zuschauer auch ein Hoffnungsschimmer gelassen. Die amerikanischen Zuschauer sahen, dass wenigstens Inga und Rudi Weiss überleben. Den Zuschauern in der Bundesrepublik blieb immerhin der Trost, dass es auch den „anständigen Deutschen“ (Kurt Dorf) gegeben hat. Die Spannungsbögen folgen ebenfalls einem typischen Serien-Muster. Der Zuschauer soll das nächste Mal wieder einschalten. Die Serie ist zweifellos darauf angelegt, ein Massenpublikum anzuziehen.

---

[224] Brandt, S., 2001, S. 5.

[225] U.a. Lietzmann, S., 1979, S. 25 ff und Wiesel, E., 1979, S. 35 ff.

[226] „Holocaust“ weißt eine Reihe von Merkmalen aufweißt, die typisch für das Genre „Soap Opera“ sind. Der Begriff passt aber nur teilweise. Während Liebe, Ehe, Familie, und ebenso soziale Probleme, Krankheit und Kriminalität Themen dieses Genres sind, kommen Kriege oder Hungerkatastrophen nicht vor. In der Soap Opera geht es um die Gefährdung des Normalen. Um Themen, von denen der Zuschauer ebenfalls betroffen werden könnte. Ein gewisses Maß an Realität ist demnach vorhanden. Die Konzentration liegt auf Personen und deren persönlichem Leben, nicht jedoch auf einer ereignisreichen äußeren Handlung. Der regelmäßige Konsum führt zu „parasozialen Reaktionen“ (der Identifikation): Die Figuren wachsen dem Zuschauer ans Herz und er will wissen, wie es mit ihnen weitergeht. In der Soap Opera werden Werte, Erfahrungen und Wünsche dargestellt, die sich mit denen des Publikums decken. Das Gute siegt, das Böse wird besiegt. Soap Opera überfordert den Zuschauer nicht. Thiele, M., 2001, S. 303.

5.5. Öffentliche Resonanz auf die Ausstrahlung

„Holocaust" löste in der BRD eine breite, gesamtgesellschaftliche Diskussion aus. Hier soll ein Eindruck vermittelt werden, welche Themen, Aspekte und Positionen in ihr auftauchten. Neben Kritikern und Journalisten meldeten sich Politiker, Theologen, Historiker, Politologen, Zeitzeugen,[227] sowie die Zuschauer zu Wort.

Drei Themenfelder lassen sich zusammenfassen: Als Ausgangspunkt stand (1.) die Auseinandersetzung mit der Serie selbst. Hierbei ging es um die Qualität und Glaubwürdigkeit von „Holocaust". Davon ausgehend erweiterte sich die Diskussion auf (2.) Fragen und Beiträge zur NS-Vergangenheit insgesamt („was ist wirklich geschehen"),[228] sowie (3.) den Umgang mit ihr in der BRD und die Lehren, die daraus für die Gegenwart zu ziehen sind.[229] Alles durchaus den Absichten des WDR und der Bundeszentrale für politische Bildung entsprechend. Jedes dieser Themenfelder stellte einen „Teilkonflikt" der gesamten Debatte dar, bzw. wurde Thema eines Teilkonfliktes. Diese Teilkonflikte sind nicht vollständig voneinander zu trennen. Sie gehen in vielfältiger Weise ineinander über und bauen aufeinander auf, sowohl chronologisch als auch inhaltlich.

Über allem steht ein Grundkonflikt. Er wurde ausgetragen zwischen einem „pädagogischem Ansatz" und einer „moralischen Kritik." Die „moralische Kritik" wiederum leitete sich aus einer „filmästhetischen Kritik" ab, bzw. argumentierte filmästhetisch und formell.

Auf der einen Seite wurde die Chance gesehen, eine breite Öffentlichkeit zu erreichen und überhaupt eine Auseinandersetzung bei Menschen in Gang zu setzen, die wissenschaftliche oder dokumentarische Bearbeitungen nicht annehmen. Die Fürsprecher dieses „pädagogischen Ansatzes" sind sich der filmästhetischen Mängel, der historischen Ungenauigkeiten und Fehler bewusst. Für sie überwiegt aber der (erwartete) Nutzen. Sie nehmen die Schwächen in Kauf, um ein gesellschaftspolitisches Ziel zu erreichen. Die Auseinandersetzung mit dem NS und seinen Folgen steht hier im Vordergrund. Exemplarisch sind dafür die Positionen vom WDR und der Bundeszentrale. Ihre

---

[227] U.a. die Autoren und Diskussionsteilnehmer aus dem Buch: Märthesheimer, P./Frenzel, I., 1979, S. 331 f., Die gesellschaftliche Breite der Debatte zeigt sich ebenfalls in dem Kapitel II.6.4 „Resonanz" bei: Thiele, M., 2001, S. 309-318.

[228] Ebenda, S. 334.

[229] Ernst, T., 1979, S. 313.

Argumente finden sich in den „Absichtserklärungen" der beiden Institutionen.[230]

Auf der anderen Seite stand die Meinung, die Darstellung wäre gegenüber den wahren Ereignissen völlig unangemessen, sie verfälsche und trivialisiere die historische Wahrheit und verunglimpfe dadurch die Opfer („moralische Kritik").[231] Für die Argumente dieser Seite weisen die Stichwörter „Trivialisierung des Holocaust" und „Soap Opera" den Weg. Repräsentativ ist ein Aufsatz von Elie Wiesel: *„Als Fernsehproduktion ist der Film eine Beleidigung für die, die umkamen und für die, die überlebten [...]. Er versucht das darzustellen, was sich selbst der Vorstellungskraft entzieht. Er verwandelt ein ontologisches Ereignis in eine Seifenoper.'*[232] Hier wird deutlich, wie eine „ästhetische Frage" als eine „moralische Frage" gedeutet werden kann: Das historische Ereignis entzieht sich letztendlich der Vorstellungskraft. Die Darstellungsform kann dem historischen Holocaust nicht gerecht werden. Alles was gezeigt wird, ist „harmloser" als die Wirklichkeit, und vermittelt folglich einen „harmloseren" Eindruck von ihr. Das wiederum setzt die Opfer herab, denn ihr Leid wird nicht repräsentiert, gleichwohl wird genau dies inhärent behauptet.

Die Berichterstattung zu „Holocaust" lief in mehreren Phasen ab. Bereits vor der Ausstrahlung in der BRD gab es 1978 die ersten Reaktionen auf die Serie und die Ankündigung ihrer Ausstrahlung in Deutschland. Die Kritiker bezogen sich hauptsächlich auf die im Ausland durch "Holocaust" ausgelösten Diskussionen. Diese Kommentare waren bestimmt von einer ablehnenden Haltung. Die professionell mit dem Thema befassten Gruppen, d.h. Journalisten, Kritiker, Historiker etc. - die sogenannten „Intellektuellen" - lehnten die Serie mehrheitlich ab. Kritisiert wurden immer wieder die historischen Ungenauigkeiten, die Trivialisierung des Stoffes, sowie die kommerzielle Machart.[233]

Auf die ungeheure Publikumswirkung nach der Ausstrahlung hin, fand bei der Kritik eine Modifikation der Beurteilung statt. Insgesamt wandelte sie sich dahingehend, dass die „intellektuelle Haltung", die Ablehnung von „Holocaust" auf Grund der filmästhetischen Mängel, unangemessen wäre, angesichts der großen Betroffenheit bei den Zuschauern. Wollten Fernsehmacher einem Millionenpublikum deutsche Geschichte nahe bringen, dürften sie in

---

230 Siehe Kapitel 5.2. „Die Absichten des WDR..." und 5.4. „Interpretation" dieser Arbeit.
231 Clasen, J., 1998, S. 40.
232 Wiesel, E., 1979, S. 26.
233 Clasen, J., 1998, S. 86.

der Wahl ihrer ästhetischen Mittel nicht zimperlich sein.[234] Viele der vorherigen Kritiker setzten sich im Laufe der Diskussion erneut mit der Machart und Rezeption von „Holocaust“ auseinander und kamen zu dem Ergebnis, dass die Serie geschafft hatte, was vorherigen „seriösen“ Dokumentationen nicht gelungen war: Eine öffentliche Debatte über die deutsche Vergangenheit und den Mord an Millionen Juden in Gang zu setzen.[235] Daraus leitete sich die Argumentation ab, „der Zweck heilige die Mittel“.[236] Der Zweck war dabei, die Zuschauer in der Breite zu erreichen. In dieser Phase näherte sich die Kritik der Haltung des WDR und der Bundeszentrale an. Zudem erweiterte sich der Diskussionsrahmen. Während sich anfangs die Presse-Beiträge hauptsächlich auf "Holocaust" selbst bezogen, trat mehr und mehr die NS-Vergangenheit und ihre Aufarbeitung ins Zentrum der Auseinandersetzung. Fragen zur historischen Wirklichkeit des NS ebenso, wie der Umgang mit dieser Vergangenheit und ihre aktuelle Bedeutung wurden besprochen.[237] Dabei tauchte die Frage nach der Mitwisserschaft auf: Wer hat wie viel gewusst und welche (Mit-)Schuld leitet sich daraus ab? Warum gab es so wenig Widerstand?[238] Die zur Gegenwart hergestellten Bezüge waren vielfältig. So wurde z.B. vermutet, dass „Holocaust“ die anstehende Verjährungsdebatte beeinflussen würde.[239] Auch die Frage nach vorhandenen Vorurteilen gegenüber Minderheiten wurde thematisiert.[240]

Ein weiteres Thema war das „Versagen der Geschichtswissenschaft“. Offensichtlich hatten die geschichtswissenschaftlichen Darstellungen einen großen Teil der Bevölkerung nicht erreicht. Woran lag das? Es wurde eine Kluft zwischen Fachkreisen und Bevölkerung konstatiert.[241] Typisch für die Analyse war die Beurteilung von Joachim Fest. Er warf den Fachleuten und Publizisten vor, sie interessierten sich nicht für die Bedürfnisse der Leser und Zuschauer, während umgekehrt das Interesse an Geschichte durchaus vorhan-

---

234 Thiele, M., 2001, S. 321 und 334.

235 Ebenda, S. 312 f.

236 Ebenda, S. 321.

237 Ebenda, S. 334.

238 Hier kam es zu Bekennerschreiben Prominenter. U.a. Henri Nannen und Rudolf Augstein meldeten sich zu Wort und beschrieben ihre eigenen Erfahrungen. Henri Nannen bezichtigte sich der Feigheit und schloss die Forderung an, der eigenen Schuld ins Gesicht zu sehen und aufzustehen gegen jegliche Zeichen der Intoleranz. Nannen, H., 1979, S. 280. Und Augstein, R., 1979, S. 20.

239 Reichel, P., 2001a, S. 195 f.

240 Ernst, T., 1979, S. 313.

241 Rohrbach, G., 1979, S. 19.

den sei.[242] Auch die Frage, warum eine solche Serie nicht in Deutschland gemacht wurde, tauchte immer wieder auf. Beide Punkte sind miteinander verknüpft, denn sie beziehen sich darauf, wie eine Auseinandersetzung mit der NS-Vergangenheit in der breiten Bevölkerung erreicht werden kann. Hier wurde festgestellt, nur in Amerika sei eine Darstellung dieser Art, und deshalb mit dieser Wirkung, möglich. Die amerikanische Erzählweise sei im Gegensatz zu deutschen Filmen eben populärer. Als weiterer Punkt wurde der größere Abstand zum historischen Hintergrund genannt.[243]

Vertreter der Parteien meldeten sich ebenfalls zu Wort. Die Äußerungen lassen sich dahingehend zusammenfassen, dass es anfangs auf Seiten der SPD eine Tendenz gab, den Ankauf der Serie zu begrüßen, auf Seiten der CDU/CSU überwog eine ablehnende Haltung.[244] Es sind jedoch keine "geschlossenen" parteipolitischen Haltungen festzustellen, die Kritik an der künstlerischen Qualität teilte auch hier. Pro und Contra "Holocaust" war in allen Lager (der Mitte) gleichermaßen vertreten. Im Verlauf der Debatte setzte sich hier ebenfalls weitgehend die Sichtweise durch, den Nutzen von „Holocaust“ für die Auseinandersetzung mit der NS-Vergangenheit in den Vordergrund zu stellen.[245]

Die Riege der Kritiker kam aus den verschiedensten gesellschaftlichen und politischen Gruppierungen: Alte und neue Nazis, linke und rechte Antisemiten, christliche Antijudaisten, linke und rechte USA-Gegner, Kapitalismuskritiker, Angehörige nichtjüdischer Opfergruppen, die zu stark das jüdische Leiden in den Vordergrund gerückt sahen, Juden, denen die Darstellung des jüdischen Widerstandes zu gering erschien, Anhänger des alttestamentarischen Bilderverbots, Gegner der TV-Massenkultur mit ihren trivialen Genres, etc.[246]

Im Ganzen aber entstand ein breiter öffentlicher Konsens. "Holocaust" wurde als Chance zur Auseinandersetzung mit dem NS begriffen, jenseits der Kritik an den künstlerischen Mitteln, deren Angemessenheit und den historischen Ungenauigkeiten.[247] Es setzte sich die Auffassung durch, dass die Serie eine Zäsur im bundesrepublikanischen Geschichtsdiskurs war. 1979 äußerte sich Heinrich Böll zusammenfassend: *„Es sieht so aus, als würde es in Zukunft ein „Vor-Holocaust“ und ein „Nach-Holocaust“ geben, wenn sich jemand – gleich auf welcher Ebene – mit „Endlösung“ und Antisemitismus beschäftigen wird. [...] Umstritten wird*

---

[242] Fest, J., 1979, S. 1.
[243] Thiele, M., 2001, S. 326 f.
[244] Ebenda, S. 333.
[245] Ebenda, S. 336.
[246] Ebenda, S. 337.
[247] Ebenda, S. 336.

diese Darstellung am Einzelschicksal immer sein, doch es könnte der Fall eintreten, das Emotion und Aufklärung nicht im Dauerstreit bleiben. Arroganz gegenüber Emotion ist nicht angebracht, schließlich ist nichts, aber auch gar nichts Verwerfliches daran, wenn da Zuschauer bewegt werden, wo doch Aufklärung (Dokumentation) nicht unbedingt totale Unbewegtheit bedeutet.'[248]

5.6. Die Zuschauerreaktionen

Nach den einzelnen Folgen von „Holocaust" schloss sich jeweils die Sendung „Anruf erwünscht" an. Dort diskutierten Journalisten und Gäste.[249] Zuschauer konnten anrufen und Fragen stellen. Auch diese Sendungen hatten eine unerwartet große Resonanz. Mindestens 10000 Zuschauer nutzten die Gelegenheit.[250] Die Fragen und Kommentare betrafen alle Bereiche, die auch in der publizistischen Kontroverse zur Sprache kamen. Neben Sachfragen (z.B. nach Wiederholungen, Machern etc.) und positiven und negativen Äußerungen zum Film selbst, wurden Fragen zu den historischen Zusammenhängen und Fakten gestellt. Darüber hinaus kam es zu persönlichen Bekenntnissen. Zuschauer erzählten von ihren eigenen Erlebnissen während des Nationalsozialismus, teilweise erschüttert. Diese emotionale Reaktion, das Bedürfnis, der eigenen Betroffenheit Ausdruck zu verleihen, war unerwartet. *„Einige der jungen Leute, die pausenlos damit beschäftigt waren, Anrufe entgegenzunehmen, meinten [...] sie hätten fast den Eindruck 'seelsorgerische Dienste' zu leisten,"*[251] *beschrieb die Reaktionen Julius H. Schoeps, der zu der Panel-Redaktion bei „Anruf erwünscht" gehörte. Auch antisemitische und neonazistische Äußerungen und Kommentare wurden abgegeben. Ebenso die Forderung, die Vergangenheit endlich ruhen zu lassen.*[252]

Neben der emotionalen Anteilnahme entwickelte sich das Wissen und Nichtwissen um den Mord an den Juden zu einem zentralen Themenkomplex, die Fragen kreisten um die Komplexe „Vergessen", „Schuld" und „Wie konnte es dazu kommen?". Auch hier waren die Veranstalter überrascht: *„Wer*

---

[248] Böll, H. zitiert nach Karalus, P., 1982, S. 11.

[249] Es diskutierten Robert Leicht, Eugen Kogon, Karl Dietrich Bracher, Wofgang Scheel, Walter Laqueur und Werner Hübner. Die Leitung hatte anfangs Robert Leicht, nach Publikumskritik an dessen „zu intellektueller Art" Werner Hübner. An der Sendung vom 26.1.1979 nahm Marcel Reich-Ranicki teil. Thiele, M., 2001, S. 312.

[250] Hier weichen die Zahlen wieder stark voneinander ab. Julius H. Schoeps spricht von ca. 10.000 Anrufern. Martina Thiele nennt die Zahl von ca. 30.000. Schoeps, J. H., 1979, S. 230 und Thiele, M., 2001, S. 312.

[251] Schoeps, J. H., 1979, S. 226.

[252] Ebenda, S. 224.

die ersten telefonischen Reaktionen auf den Film zur Kenntnis nahm, erhielt den überraschenden Eindruck, es habe in der Bundesrepublik bisher noch überhaupt keine nachhaltige Auseinandersetzung mit der NS-Vergangenheit gegeben.'[253] Ähnlich wie in der publizistischen Debatte wurden die anfangs überwiegenden negativen Aussagen (die durch die ablehnende Presse vor der Ausstrahlung auch so erwartet wurden) im Laufe der Sendungen weniger. Zunehmend wurde Anteil am Schicksal der Protagonisten geäußert. Immer wieder kamen auch Rückmeldungen, dass durch „Holocaust" zum ersten Mal in den Familien eine Diskussion über das Thema zustande gekommen wäre.[254]

Die Wirkung auf die Zuschauer wurde auch wissenschaftlich untersucht. Das Marplan-Institut führte, wie bereits erwähnt, eine Begleituntersuchung mit Zuschauern durch. In drei Phasen, kurz vor, kurz nach und 14 Wochen nach der Ausstrahlung wurden Repräsentativbefragungen durchgeführt, mit denen drei übergeordnete Fragen beantwortet werden sollten: (1.) Erreicht das Thema über die Spielfilmhandlung ein größeres Publikum als eine Dokumentarsendung? (2.) Kann die Spielfilmhandlung kommunikationsfeindliche Barrieren überwinden, ohne die politische Information zu unterschlagen? (3.) Vermag „Holocaust" Prädispositionen, die tendenziell zu einer Rechtfertigung des Nationalsozialismus neigen, wenigstens insoweit zu erschüttern, dass eine größere Offenheit entsteht?[255] Durch die Dreifachbefragung sollte herausgefunden werden, ob Veränderungen im Meinungsbild eine gewisse Dauerhaftigkeit hatten oder es sich bei den Reaktionen nur um ein „Strohfeuer" handelte.[256]

Die Ermittlung der Reichweite und Sehbeteiligung ergab, dass die Zuschauerresonanz bei Männern und Frauen etwa gleich stark war. Die mittleren Jahrgänge zwischen 30 und 49 Jahren waren etwas stärker vertreten als die Jüngeren und als diejenigen, die zur Kriegsgeneration zu zählen sind. Tendenziell wurde „Holocaust" eher von den oberen Bildungsschichten gesehen.[257] Erreicht wurde außerdem eine große Gruppe von Bürgern (ca. 45% der gesamten Zuschauer), die klassifiziert wurde als typisch für eine überdurchschnittliche hohe Ausprägung an „politischer Entfremdung", d.h. ein „Sich-Zurückziehen" von Politik, Politikern und politischen Problemen.[258] Insge-

---

253 Ebenda, S. 226.

254 Ebenda, S. 228.

255 Weichert, D., 1980, S. 489.

256 Thiele, M., 2001, S. 314.

257 Ebenda, S. 313.

258 Ernst, T., 1980, S. 512.

samt bewerteten 73% der Zuschauer „Holocaust“ positiv, 7% lehnten die Serie ab, 20% äußerten sich unentschieden.[259]

Zu der „Machart“ wurde festgestellt, dass eine dokumentarische Darstellung eine geringere Sehbeteiligung erreicht hätte, die filmästhetische Auseinandersetzung bei den Zuschauern insgesamt keine Rolle spielte, und dass die Spielhandlung eine politische Rezeption nicht verhindert hätte. D.h., dass „Holocaust“ als ein Beitrag zur Auseinandersetzung mit dem NS verstanden wurde und nicht als ein primär fiktives Geschehen betrachtet wurde. Allerdings war ein weiteres Ergebnis, dass als Folge der Spielfilmhandlung eine Bereitschaft zur Personalisierung von NS-Verbrechen zu beobachten sei.[260] Dem Spielfilm-Format wurde auch zugute gehalten, dass das Identifikations-Angebot wesentlichen Anteil an der Überwindung von Barrieren politischer Kommunikation gehabt hätte.[261] „Holocaust“ hatte zudem eine deutliche Wirkung als Diskussionsauslöser. Ein großer Teil der Zuschauer wurde dazu angeregt, in der Familie (64%) und/oder im Freundeskreis (40%) weiter über das Thema zu sprechen. Dabei waren die häufigsten Themen die Fragen nach Ursache und Schuld der Verbrechen.[262] Vor allem die Jugend hätte sich angesprochen gefühlt und wäre zu einer aktiven Verarbeitung angeregt worden.[263] 65% der Zuschauer gaben an, nach der Sendung erschüttert gewesen zu sein, 45% hätten Scham empfunden.[264] Diese „emotionale Betroffenheit“ wiederum wurde als eine Voraussetzung für Meinungsänderungen angesehen.[265] 14% Prozent gaben an, dass sich ihre persönliche Einstellung zum Nationalsozialismus durch „Holocaust“ geändert habe (Nein: 65%; kann ich nicht mit Bestimmtheit sagen: 21%).[266] Insgesamt wurden vorhandene Einstellungen durch „Holocaust“ bestärkt und verfestigt. Meinungsbildend wirkte die Serie

[259] Magnus, U., 1979a, S. 226.

[260] Weichert, D., 1980, S. 508.

[261] Ebenda

[262] Magnus, U., 1979a, S. 228.

[263] Weichert, D., 1980, S. 503.

[264] Bergmann, W., 1997, S. 372.

[265] Ernst, T., 1979, S. 236.

[266] Ebenda, S. 228. Die Zahl derer, die das Attentat auf Hitler 1944 für gerechtfertigt hielten, stieg von 14% auf 63%. Eine Mitschuld aller Deutschen, die zur Zeit des NS Erwachsene waren, wurde nach der Sendung von 22% der Zuschauer angenommen. Davor waren es 16% gewesen. Die Zustimmung zu Entschädigungen für NS-Verbrechen nahm zu. Auch die Frage nach der Verjährung von NS-Straftaten wurde nach „Holocaust“ anders beantwortet als vorher. Vor der Befragung stimmten nut 15% der Aussage zu, NS-Straftaten sollten weiterverfolgt werden, danach waren es 39% der Zuschauer. Weichert, D., 1980, S. 505.

bei denen, die vorher keine gefestigte Einstellung zum NS hatten, das waren vor allem die jüngeren Zuschauer.[267] Erstaunt zeigten sich die Verantwortlichen über den weitgehenden Konsensus, kaum auftretende Kontroversen und ausgeprägte Mehrheitsvoten bei den meisten Fragen. Die Wissenschaftler schlussfolgerten, dass die Bevölkerung für das Thema sensibilisiert, historisches Wissen verbreitet und gesellschaftlich relevante Themen transportiert wurden.[268] Wichtig bei der Befragung nach 14 Wochen war dem WDR und der Bundeszentrale festzustellen, dass die These, „Holocaust" werde einen kurzzeitigen Überrumpellungseffekt erzielen, durch Druck auf die Tränendrüsen politische Problemstellungen vernebeln, um sie schließlich unberührt wieder auftauchen zu lassen, durch die Untersuchung nicht bestätigt werden konnte.[269]

Aus der Untersuchung wurde aber auch die These abgeleitet, dass das Demokratieverständnis in der Bundesrepublik unter der Hypothek der nicht aufgearbeiteten Vergangenheit leide.[270] Durch sie würde der Weiterbestand von Strukturen gefördert bzw. ihre Auflösung behindert, die undemokratischen Entwicklungen Vorschub leisten können und als Persönlichkeitsmerkmale schon dem NS gedient hätten,. z.B. Intoleranz, autoritäre Persönlichkeitsstrukturen (Sehnsucht nach starkem Mann, selbstverständliche Anerkennung von Hierarchien) und eine kleinbürgerliche „Sich-aus-allem-Heraushalten-Mentalität."[271]

---

267 Thiele, M., 2001, S. 315.

268 Ernst, T., 1979, S. 231. Das zeigte sich auch an der großen Nachfrage nach Begleitmaterialien, z.B. nach der für die Serie erstellten Broschüre (Kampen, W., 1978). Allein die Bundeszentrale erhielt über 105 000 Anfragen. Zusammen mit der Nachfrage bei den Landeszentralen wurde ca. 450 000 mal Begleitmaterial angefordert. Ebenda

269 Weichert, D., 1980, S. 500.

270 Ebenda, S. 508.

271 Ebenda, S. 489. Auch Kritik an der Aussagekraft der Studie wurde geäußert. Friedrich Knilli verglich die Wirkungsanalysen und dahinterstehenden Interessenlagen in verschiedenen Ländern, in denen „Holocaust" gezeigt wurde. Er kam zu dem Schluss, dass überall dort, wo Gebühren erhoben würden und staatliche, halbstaatliche und öffentlichrechtliche Fernsehanstalten bestünden, es im Interesse der Sendeanstalten sei, eine Wirkung nachzuweisen. Als zusätzlichen Grund nannte er noch die hohen Kosten der Studie, für die die Fernsehanstalten und Bildungseinrichtungen auch ein handfestes Ergebnis haben wollten. Der WDR und die Bundeszentrale für politische Werbung hätten die Ergebnisse bekommen, die sie wollten. In eine ähnliche Richtung ging die Kritik des Soziologen Dieter Prokop. Er argumentierte, die Fragen seien zu allgemein, vage und vorgegeben gewesen. Es seien „suggestive Pädagogenfragen" gestellt worden, um erwünschte Antworten zu bekommen. Er bezweifelte ganz entschieden, dass „Holocaust" Politisierungsprozesse in Gang gebracht habe, es sei denn man verstünde unter Politisierung das

Die Zuschauerbriefe an den WDR stellen eine weitere Form der Reaktion dar. Es gibt zwei Publikationen darüber. Heiner Lichtenstein sammelte ca. 5000 Briefe[272] beim WDR und publizierte zusammen mit Michael Schmid-Ospach eine Dokumentation mit einer Auswahl von ca. 100 Briefen.[273] Er teilte die Briefe auf in drei Gruppen: Zustimmende, ablehnende und berichtende. Laut Lichtenstein hätten zwei Drittel der Verfasser die Ausstrahlung von „Holocaust" begrüßt. Anonyme Briefe wurden in seiner Dokumentation mit der Begründung aussortiert, es handele sich ausschließlich um Polemiken aus der rechtsextremen, nazistischen Ecke.[274] Die meisten Briefe wären von Frauen, Jugendlichen und evangelischen Pfarrern gekommen. In vielen Familien sei es nach der Sendung zu Diskussionen und Konflikten gekommen. Bei den negativen Briefen hätten sich die Argumente immer wiederholt: Es müsse endlich Schluss sein mit der Aufarbeitung der Nazizeit; Kriegsverbrechen („Dresden", „Katyn", „Hiroshima", „Vietnam", wurden z.B. genannt) hätten die anderen auch begangen. Die Verfasser dieser Schreiben kritisierten, dass es ein amerikanischer Film sei, der mit jüdischem Kapital gemacht wurde. Daraus leiteten sie die Forderung ab, es müsse endlich ein deutscher Film gemacht werden, um zu zeigen, „wie es wirklich war".[275] Von Zeitzeugen, ehemaligen Offizieren, Soldaten, Polizisten, Zivilisten, Krankenschwestern etc. wurden Erlebnisberichte eingesandt. In einigen wird mit detaillierten Zeit- und Ortsangaben, teilweise Fotos, auf Verbrechen hingewiesen.[276] Das Buch dokumentiert eine subjektive Auswahl der Briefe und fasst den persön-

---

schlichte aufgeregte Reden angesichts eines Ereignisses. Auch die Interviewsituation könnte dazu geführt haben, dass die Befragten sich keine Blöße geben wollten. Z.B. könnte es sein, dass die Frage nach einer aufklärenden Wirkung von „Holocaust" positiv beantwortet würde, um nicht den Eindruck zu machen, eine Affinität zu Gewaltdarstellungen zu haben. Außerdem hätten bei den Fragen nach dem geschichtlichen Wissenszuwachs Kenntnisse über das Vorwissen der Zuschauer gefehlt. Als Grund sah Prokop die Voreingenommenheit der Auftraggeber: *„Die Verantwortlichen waren vor allem vom Gedanken besessen, daß das deutsche Volk über diese Fernsehserie 'seine Vergangenheit bewältigte'."* Knilli, F., 1981, S. 20. Und Prokop, D., 1980, S. 6 f.

[272] Über die Anzahl der beim WDR eingegangenen Briefe gibt es verschiedene Zahlen mit erheblichen Abweichungen. Heiner Lichtenstein spricht von ca. 5000 Briefen. Die Sammlung, aus der die Stichprobe für diese Studie stammt besteht aus fast 9000 Briefen. Die unterschiedlichen Angaben sind erstaunlich, da das Buch „`Holocaust.´ Briefe an den WDR" zu einem Zeitpunkt publiziert wurde, als die Sammlung von 9000 Briefen bereits abgeschlossen war.

[273] Lichtenstein, H./Schmid-Ospach, M., 1982a.

[274] Lichtenstein, H., 1982b, S. 12.

[275] Ebenda, S. 12 f..

[276] Ebenda, S. 13.

lichen Eindruck von Heiner Lichtenstein zusammen. Er veröffentlicht die Schreiben, die ihm repräsentativ erscheinen, ohne einen wissenschaftlichen Anspruch. Eine methodische Inhaltsanalyse fehlt völlig. Die Argumente für die Aussortierung der anonymen Schreiben sind zwar nachvollziehbar, reduzieren aber das Meinungsbild.

Eine quantitative Auswertung der Zuschauerbriefe wurde 1982 von Friedrich Knilli und Siegfried Zielinski und einem Team von Akademikern an der TU Berlin vorgenommen.[277] In dieser Rezeptionsanalyse sollte der „Zusammenhang von Lebenssituation und expliziten Textbezügen zu Film, Diskussion und zu beidem"[278] der Verfasser erforscht werden. Aus 8710 Zuschriften wurde deshalb ein Hauptsample von 1323 Briefen erstellt. Die vielfältigen Ergebnisse können hier nicht im Detail wiedergegeben werden. Es handelt sich um 298 Tabellen, in denen die verschiedenen Einzelmerkmale der Lebenssituation (z.B. Alter, Geschlecht, aktiver Nationalsozialist, Opfer des NS, Jude etc.) und die Textbezüge nach Einzelthemen korreliert werden. Die Auswertung ergab, dass 59,6% der Verfasser männlich waren, 33% weiblich. Etwa 72% der Verfasser wurden vor 1934 geboren. Ca. 12% kamen 1934 oder später zur Welt. Nach dem Ergebnis der Studie schrieben also vornehmlich Männer und Alte.[279] 92,8% gaben ihre Identität an, 7,1% schrieben anonym.[280]

Bei der Frage nach dem Wissen über die NS-Verbrechen zeigte sich, dass 19,5% „Augenzeugen" von Deportationen, Akten der Diskriminierung und des Terrors geworden waren. 28,3% gaben an, zumindest von den Verbrechen gewusst oder geahnt zu haben. 11,9% hingegen schrieben, überhaupt nichts gewusst oder erst später davon erfahren zu haben.[281] 3,7% der Verfasser bestritten die Judenvernichtung („Auschwitz-Lüge").[282] Die Anerkennung von persönlichen Schuld und/oder Übernahme von Verantwortung für das

---

[277] Knilli, F./Zielinski, S., 1983, S. 1.

[278] Ebenda, S. 40. Bei den „Diskussionen" handelt es sich um die „Anruf erwünscht"-Sendungen. Ein „expliziter Textbezug zum Film" ist nach Definition der Studie vorhanden, wenn *„Personen, Schauplätze, Einzelheiten der Handlung oder Dialoge namentlich erwähnt werden (Beispiel: „Dorf finde ich brutal")*. Ein „expliziter Textbezug zur Diskussion" ist vorhanden, wenn Briefe *„einen konkreten inhaltlichen Bezug zur Diskussion enthalten [...] (Beispiel: „Ich finde Herrn Frenzel widerlich.").*" Ebenda, S. 33.

[279] Ebenda, S. 369.

[280] Ebenda, S. 103. Teilweise nur ein Bruchteil der ausgewerteten Briefe enthält verwendbare Aussagen zu den einzelnen Kategorien. Die prozentualen Ergebnisse liegen fast immer unter 100%.

[281] Ebenda, S. 374.

[282] Ebenda, S. 108.

Unrecht findet sich bei 14.3% der Befragten, 21.8% lehnten eine Schuldübernahme ab.[283] Für eine weitere Aufarbeitung des NS und der Judenvernichtung sind 56, 1%, dagegen 8,5%.[284]

283 Ebenda, S. 120.
284 Ebenda, S. 129.

6. Die Zuschauerbriefe

6.1. Forschungsansatz

Die qualitative Inhaltsanalyse der Zuschauerbriefe ist eine historische Fallstudie zur Politischen Kultur der BRD Ende der siebziger Anfang der achtziger Jahre. Ausgangspunkt ist dabei ein in seiner Wirkung herausragendes Ereignis in der Geschichte des Umganges mit dem Nationalsozialismus: Das Medienereignis „Holocaust“. Die an die Zuschauerbriefe gestellten Fragen greifen jedoch über „Holocaust“ hinaus. Es geht bei der Untersuchung nicht primär um die Fernsehserie. Das zentrale Erkenntnisinteresse gilt Aussagen, die einen Bezug zu den Einstellungen der Zuschauer zur NS-Vergangenheit und dem Umgang mit ihr in der BRD haben. Dabei soll ein Gesamtbild aus den Briefen entstehen.

Aus arbeitsökonomischen Gründen werden in der Analyse die Textinhalte untersucht, ohne die Verfasser individuell zu betrachten. Die ergänzende quantitative Analyse zeigt aber die geschlechter- und altersmäßige Zusammensetzung der Verfasserschaft und biographische Tendenzen bezüglich einzelner thematischer Unterpunkte.

Die Zitate entsprechen der Schreibweise der Briefe. Die Fehlerhäufigkeit ist dabei hoch. Rechtschreibungs-, Zeichensetzungs- und grammatikalische Fehler der Verfasser sind nicht korrigiert, weil der authentische Gesamteindruck der Briefe durch eine Korrektur verändert würde.

Die Mehrheit der Verfasser ist über Namen und biographische Rückschlüsse geschlechtermäßig und (oftmals nur annäherungsweise) altersmäßig erkennbar. Es wird hier eine Unterscheidung zwischen „Zeitzeugen“ und „Spätergeborenen“ gemacht. Dabei werden als „Zeitzeugen“ alle Personen definiert, die erkennbar vor 1933 geboren wurden und damit den NS als Jugendliche oder Erwachsene erlebt haben, so dass eine bewusste Reflexion angenommen werden kann. Als „Spätergeborene“ gelten die folgenden Jahrgänge.

6.2. Beschreibung des Materials

Im Zentrum für Antisemitismusforschung (ZfA) der TU Berlin sind 9049 Briefe zur Fernsehserie „Holocaust“ archiviert. Diese Briefe hat der WDR und zu einem geringen Teil (133 Briefe) der Sender Freies Berlin (SFB) zur Erstausstrahlung der Sendung 1979 erhalten.

Das Material wurde für die Studie „Betrifft: ‚Holocaust' Zuschauer schreiben an den WDR"[285] an die TU Berlin geholt und aufbereitet.[286] Die dortige Materialbeschreibung entspricht weitestgehend der vorgefundenen Form der Archivierung.[287]

Die Briefe befinden sich päckchenweise in Hängeheftern. Sie sind in einem Aktenschrank in vier Schubladen untergebracht. Die Briefe sind in zwei Hauptgruppen und je drei Untergruppen unterteilt. Die erste Hauptgruppe ist mit 8916 Briefen angegeben (wegen Ausfällen ist die tatsächlich vorhandene Zahl etwas geringer). Sie besteht aus den Briefen, die an den WDR adressiert worden sind. Die Briefe Nr. 1–8164 sind als erste Untergruppe alphabetisch nach Nachnamen der Absender sortiert und in dieser Reihenfolge handschriftlich durchnummeriert. Darauf folgt die zweite Untergruppe „unleserlich" (Nr. 8165-8253) und die dritte Untergruppe „anonym" (Nr. 8254-8916).

Als zweite Hauptgruppe sind 133 Briefe an den SFB archiviert. Sie befinden sich am Ende der Sammlung. Die alphabetische Sortierung und Durchnummerierung beginnt von vorne und ist entsprechend der ersten Hauptgruppe angelegt (Nr. 1-122 „normal", Nr. 123 „unleserlich", Nr. 124-133 „anonym").

Zu der Brief-Nummer ist jeweils die Anzahl der dazugehörigen Seiten notiert worden. Zum Beispiel besteht der Brief Nr. 72 an den SFB aus zwei Seiten Text. Er trägt daher die Nummer 72/2. In Einzelfällen stimmen die Angaben der Seitenzahl nicht mit den tatsächlichen Seitenzahlen überein, z.B. besteht der Brief Nr. 3024/1 aus zwei Seiten, der Brief Nr. 7980/2 aus einer Seite. Außer dieser Nummerierung sind teilweise Eingangsdaten aufgestempelt.

Die Briefe sind handschriftlich mit verschiedensten Stiften (Kugelschreiber, Füllhalter, Blei- und Filzstiften) oder maschinell geschrieben. Es sind Briefe und Postkarten in verschiedenen Größen. Dazu sind teilweise weitere Materialien wie Zeitungsausschnitte, Fotografien, Flugblätter, Bücher, kopierte Seiten aus Büchern und andere Dokumente beigefügt. Es gibt einige fremdsprachige Zuschriften. Die Länge der Briefe variiert von kurzen Notizen bis zum 90-seitigen Manuskript.

---

[285] Ebenda, S. 3-7.

[286] Es ist ein Bruchteil des als Reaktion auf „Holocaust" entstandenen Postaufkommens. Geschätzt wird, dass weit über 100 000 Einsendungen an die verschiedenen Sendeanstalten in der BRD, an Zeitungen und andere Einrichtungen wie die Bundeszentrale für politische Bildung eingingen. Ebenda, S. 26.

[287] Die vorgefundene Kategorie „unleserlich" ist in der Studie „Betrifft. „Holocaust..." als Unterteilung in der Archivierung nicht angegeben. Ebenda

6.3. Auswertungsverfahren

6.3.1. Ziehung der Stichprobe

Aus dem oben beschriebenem Material wurde eine Zufallsstichprobe gezogen. Ein vorher durchgeführter, einen Tag dauernder, Pretest unter Einbeziehung der Geschlechterverteilung und Altersstruktur[288] hatte ergeben, dass ein solches Verfahren den Zeitrahmen gesprengt hätte. Für die Sichtung und Auswahl der Dokumente im ZfA stand eine Woche zur Verfügung. Dementsprechend konnte in dieser Arbeit auch nicht die gesamte Datenmenge untersucht werden.

Um ca. 100 Briefe zu erhalten wurde im Endergebnis jeder 84. Brief gezogen (Nr. 84, Nr. 168, Nr. 254 usw.). Nach Abschluss der Ziehung aus Briefen an den WDR wurde bis zum nächsten 84. Brief hochgerechnet und aus den Briefen an den SFB die Nr. 72/2 gezogen. Die Briefe Nr. 1428 und Nr. 8652 wurden in der Sammlung des ZfA nicht gefunden. Brief Nr. 672 ist zu einem nicht mehr feststellbaren Zeitpunkt verloren gegangen. Der Brief Nummer 6216/1 ist unvollständig. Nr. 3276/2 ist kein Zuschauerbrief, sondern ein Antwortschreiben auf eine Informationsanfrage. Nr. 7392/2 ist bis auf die Ansprache auf Französisch verfasst. Nicht auswertbar wegen eine unleserlichen Handschrift ist Nr. 2016/1. Bei Nr. 3864/? ist die Zusatznummer zur Seitenanzahl auf der Kopie nicht erkennbar. Die Stichprobe umfasst somit 104 Briefe. Diese relativ geringe Zahl von einzelnen Briefen muss in Bezug auf die Aussagekraft der Untersuchung berücksichtig werden.

Von den 104 Briefen sind erkennbar 60 von Männern verfasst, 31 von Frauen. 41 kommen von Zeitzeugen, 19 von Spätergeborenen.

6.3.2. Qualitative Auswertung

Der Schwerpunkt der Arbeit liegt in der qualitativen Inhaltsanalyse der an den WDR als Reaktion auf die Ausstrahlung der Serie 1979 gesendeten Zuschauerbriefe. Die Stichprobe wird anhand der weiter unten genannten Einzelkriterien untersucht.

---

[288] Die Verteilung der Faktoren Geschlecht und Alter für den Pretest wurden der Studie „Betrifft: 'Holocaust'" entnommen. Ebenda, S. 104.

These:
Das „Medienereignis Holocaust“ hat die Erinnerung an den NS verändert und dadurch eine Veränderung der Einstellungen zum NS und dessen Aufarbeitung (mit-) bewirkt. Diese Veränderung zeigt sich in den Reaktionen der Zuschauer.

Fragestellung:
Welche Aussagen über die Einstellung der Zuschauer zum NS lassen sich anhand der Briefe machen ?

Einzelfragen zur Inhaltsanalyse der Zuschauerbriefe:

1. Wie wird das Medienereignis „Holocaust“ bewertet?
2. Wie wird die „Wirklichkeit“ des NS beschrieben?
3. Welche Aussagen gibt es zur „Schuldfrage“ ?
4. Welche Lehren werden aus der Vergangenheit gezogen?
5. Wie wird die NS-Vergangenheit und der Umgang mit ihr bewertet?
6. Wie zentral ist der Holocaust dabei im Erinnerungsdiskurs?
7. Welche Haltung wird gegenüber Juden eingenommen (Antisemitismus)?
8. Deutschland heute (1979): Was an der Gegenwart erinnert an den NS?

Als Ergänzung den Unterkapiteln vorangestellt ist die Anzahl der jeweilig zugrundeliegenden Briefe, sowie die darin erkennbare Geschlechter- und Altersverteilung. Ungewollte Verzerrungen in der Interpretation, die z.B. durch die besondere Eindringlichkeit einstellungsmäßig extremer Briefe unbewusst entstehen können, sollen dadurch verhindert werden. Im Anhang befindet sich die Tabelle mit der phänomenologischen Verteilung der Einzelkriterien.

6.4. Inhaltsanalyse

6.4.1. Medienereignis „Holocaust“

„Holocaust“ ist der eigentliche Schreibanlass der Zuschauer. Dementsprechend finden sich in den meisten Briefen Äußerungen, die direkt die Serie und die dazugehörigen Diskussionssendungen betreffen, insgesamt in 76 von 104. Erkennbar sind 45 männliche und 23 weibliche Verfasser, 23 sind Zeitzeugen, 17 Spätergeborene. Das entspricht in der Geschlechter- und Altersverteilung in etwa der Gesamtstichprobe. In den Bewertungen kommt es dann aber zu teilweise erheblichen Verschiebungen.

Um eine bessere Übersicht zu erhalten, sind die Briefe dieses Unterpunktes in vier Gruppen eingeteilt: (1.) „zustimmend", (2.) „ambivalent" und (3.) „negativ". Daneben gibt es einige Briefe, die als (4.) „nicht erkennbar" bewertet wurden.

6.4.1.1. Zustimmend

Etwa die Hälfte der Verfasser (37 von 76) äußern sich positiv/fürsprechend zum Medienereignis „Holocaust". Mit 18 Männern und 16 Frauen verschiebt sich hier die Geschlechterverteilung im Vergleich zur Gesamtstichprobe. Der Anteil der Frauen ist mit fast der Hälfte sichtbar höher. Ebenso bei der Altersstruktur. Auch hier finden sich mit 15 Zeitzeugen zu 12 Spätergeborenen anteilsmäßig mehr jüngere Verfasser. Mehr Frauen und Jüngere als der Gesamtstichprobe entsprechend bewerten also „Holocaust" positiv.

Neben nicht weiter erläuterten Danksagungen (1.) ist die „Machart" von „Holocaust" wichtigstes Thema der zustimmenden Briefe. Der Filminhalt (2.), die Darstellung der Deutschen (3.), die emotionale und identifikationsfördernde Umsetzung (4.) und die (auch) daraus erzielte Bildungswirkung (5.) sowie der Vergleich zwischen Film und Wirklichkeit (6.) werden dabei thematisiert.

(1) Danksagungen

Viele Verfasser äußern sich in grundlegender Weise zustimmend. Sie bedanken sich für die Ausstrahlung der Sendung, gratulieren dem Sender und den Verantwortlichen, das schwierige Thema anzupacken.[289] Der Charakter dieser Textabschnitte ist von Einverständnis, Übereinstimmung und emotionaler Zustimmung gekennzeichnet.[290] Meistens werden dabei nur sehr kurze Begründungen abgegeben (*„Ich fand ihn ausgezeichnet, lehrreich und aufklärend."*),[291] teilweise keine. Vereinzelt wird hervorgehoben, dass es gut sei, den Film *auch* in der BRD zu zeigen,[292] dass ein solcher Beitrag schon früher hätte kommen

---

[289] Diese „einfache" Zustimmung findet sich sehr häufig. Zum Beispiel schreibt ein Mann: *„Für Ihren Mut diesen Film auszustrahlen, sowie die gelegentlich der Diskussion gegebenen Erläuterungen und Aufklärungen sage ich Ihnen meinen herzlichen Dank."* Briefe zu „Holocaust", WDR, 1979, Nr. 3612/2.

[290] Ebenda, Nr. 2688/1, Nr. 7392/2 und Nr. 8148/2.

[291] Ebenda, Nr.1848/2.

[292] Ebenda, Nr. 8148/1.

müssen[293] und wiederholt werden sollte.[294] Auch hier ist dies Ausdruck allgemeinen Fürsprechens, das nicht weiter begründet wird.

(2) Filminhalt

In Bezug zum Inhalt wird gelobt, dass der Film präzise die „Perfidie, Demenz und Bestialität" der Nationalsozialisten darstellen würde. Ebenso wird die „psychologisch detaillierte Darstellung der einzelnen Personen und ihrer Interaktionen"[295] hervorgehoben. Die Wahl der Schauspieler findet eine Verfasserin besonders gut. Die Figur Dorf wird erwähnt, weil sie „den Typ des jungen introvertierten Idealisten, der sich langsam korrumpieren läßt"[296] genau treffen würde. Nur das „Holocaust" nicht in Deutschland gedreht wurde, wird bedauert (wegen einer historisch falschen Treppe in Berlin)[297] und gefragt, warum im IV Teil der Text von Rudi Weiss am Ende gestrichen wurde.[298]

(3) Bild der Deutschen

Die Verfasser bescheinigen den Produzenten, sie hätten „die Deutschen verdammt gut wegkommen" lassen und bedanken sich dafür.[299] Dabei steht die Beurteilung teilweise vorherigen Erwartungen entgegen, ein Brief klingt geradezu überrascht. Es sei kein anti-deutscher Film gewesen, „kein Film, der uns mal wieder zeigen sollte, wie böse doch die Deutschen waren."[300] Nur in einem Fall wird eine negative Charakterzeichnung kritisiert. In einer Szene hätten die „Visagen der drei Nazis" sie an die Darstellungen der „jüdischen Kinderschänder im Stürmer"[301] erinnert, schreibt eine Verfasserin. Diese Kritik zielt jedoch nicht speziell auf das Bild der Deutschen, sondern eher auf klischeehafte Darstellungen negativer Charaktere insgesamt.

(4) Emotion und Identifikation

Während die für das Thema völlig neuartige Form einer „Familienserie" in den Pressereaktionen sehr kritisiert wurde, begrüßen die positiv reagierenden Verfasser den Nutzen des hohen Identifikationsgrades mit seiner Breitenwir-

---

293 Ebenda, Nr. 840/1.
294 Briefe zu „Holocaust", SFB, 1979, Nr. 72/2.
295 Briefe zu „Holocaust", WDR, 1979, Nr. 4620/4.
296 Ebenda, Nr. 5208/1.
297 Ebenda
298 Ebenda, Nr. 4620/4.
299 Ebenda, Nr. 1680/1.
300 Ebenda, Nr. 1848/2.
301 Ebenda, Nr. 5208/1.

kung, auch wenn ihnen dabei bewusst ist, dass dies zu inhaltlichen Vereinfachungen führen kann.[302] Ebenso werden Vermittlungsmöglichkeiten des populären Mediums gegenüber wissenschaftlicher Aufarbeitung oder der nüchternen Form eines Dokumentarfilms erkannt: *„Nun aber hat ein amerikanischer Film das erreicht, was alle Aufklärungsliteratur über diese Zeit nicht vermochte, nämlich das ganze deutsche Volk aus dem Dornröschen-Schlaf was diesen Abschnitt der Geschichte betrifft, zu rütteln. Insofern hat der Film, mit allen seinen Schwächen, ein wahres Wunder vollbracht [...] Dokumentarfilme sind da anders zu sehen, davon gibt es ja bekanntlich eine Menge, bloß wieviele haben sich davon beeindrucken lassen."*[303]

Bei den die Machart nicht reflektierenden Kommentaren wird die persönliche Berührung deutlich, ganz im Sinne der Filmemacher. Immer wieder erzählen Verfasser, dass der Film sie „stark getroffen hat“ [304] oder sie mit „großer Erschütterung“ die vier Teile gesehen hätten.[305] Auch wird „Holocaust“ bescheinigt, „sehr gut die Angst und Beklemmung“ der Verfolgten zum Ausdruck zu bringen.[306]

(5) Bildungswirkung

Häufiger wird erwähnt, dass „Holocaust“ weitere Diskussionen im privaten oder beruflichen Umfeld bewirkt hat.[307] Dabei wird die emotionalisierende Wirkung als Impuls beschrieben. Gleichzeitig erleben die Zuschauer, dass der Film die historischen Ereignisse veranschaulicht hätte, und sie nun „viel besser und intensiver“ in ihrer Tragweite übersehbar wären.[308] Mehrmals wird gelobt, dass „Holocaust“ gezeigt hätte, „wozu Menschen fähig sind“.[309] Ein Mann schreibt, in „solchen Dingen wie bei Holocaust“ sei seine Meinungsbildung bisher nicht gelungen.[310] Dabei wird diese Wirkung auch von Zuschauern beschrieben, die angeben, umfangreiche Vorkenntnisse aus wissenschaftlicher und dokumentarischer Literatur zu haben.[311] Die Umsetzung in der Spielfilmform hat eine Lücke zwischen einem mal mehr, mal weniger vorhan-

---

302 Zum Beispiel: *„Im übrigen, mag die Machart von Holocaust bewertet werden wie sie will, die Verwendung des emotionalen Elements ist in dieser Form gewiß keine unzulässige Manipulation und wie sich erwiesen hat, positiv."* Ebenda, Nr. 1680/1.

303 Ebenda, Nr. 4788/1.

304 Ebenda, Nr. 4116/6.

305 Ebenda, Nr. 4452/5.

306 Ebenda, Nr. 756/5.

307 U.a. ebenda, Nr. 1512/2.

308 Ebenda, Nr. 4116/6.

309 Ebenda, Nr. 8820/1.

310 Ebenda, Nr. 4452/5.

311 Ebenda, Nr. 4116/1.

denen „theoretischen“ Wissen und einer verinnerlichten Vorstellung geschlossen, als wäre der historische Holocaust vor Ausstrahlung der Serie nicht vorstellbar gewesen.

Einen unmittelbaren Zusammenhang stellen die Verfasser zwischen „Holocaust“ und neonazistischen Tendenzen her. „Holocaust“ hätte 20 Jahre früher gezeigt werden müssen, um dem Rechtsradikalismus zu begegnen.[312] Die Reihe sei wichtig, da es in Deutschland Neo-Nazis gebe.[313]

(6) Film und Wirklichkeit

In den Vergleichen zwischen Film und Wirklichkeit überwiegt die Einschätzung, „Holocaust“ hätte untertrieben, es sei noch viel schlimmer gewesen[314] und die Wahrheit hätte noch härter gesagt werden sollen.[315] Ein Zeitzeuge schreibt allerdings, es sei gut, dass „Holocaust“ gesendet wurde. So hätten „wenigstens Millionen von Menschen sehen können, wie es damals gewesen ist.“[316]

6.4.1.2. Ambivalent

Insgesamt 20 Briefe sind „ambivalent“ gegenüber „Holocaust“ und vor allem den dazugehörigen Fernseh-Diskussionen. Die Geschlechter- und Altersverteilung verschiebt sich hier „zugunsten“ männlicher, älterer Verfasser. In 15 Briefen sind die Verfasser als Männer erkennbar gegenüber fünf Briefen weiblicher Zuschauer. Acht sind Zeitzeugen, drei Spätergeborene.

Kritik äußert sich sehr deutlich an den Diskussionen (1.) und am Sendeplatz (2.) „Holocaust“ selbst wird positiv bewertet, aber die „Machart“ bemängelt. Themen sind dabei Kitsch (3.), die emotionale Ausrichtung (4.) und Diskrepanzen zwischen Film und Wirklichkeit (5.).

(1) Diskussion

Qualität und Inhalte der Diskussionen werden teilweise zerpflückt. Das Informationsbedürfnis wurde nicht befriedigt. Zum Beispiel hätte die Gesprächsrunde „präzise Fragen“ der Zuschauer mit „sowohl-als-auch“ Antworten bedient „nach dem Muster: Manche Soldaten wandten sich ab, manche schauten zu.“[317] Die Zuschauer dieser Gruppe fühlen sich gerade mit ihren

---

[312] Ebenda, Nr. 6552/1.
[313] Ebenda, Nr. 7224/1.
[314] Ebenda, Nr. 2604/3.
[315] Ebenda, Nr. 1932/2.
[316] Ebenda, Nr. 3528/1.
[317] Ebenda, Nr. 924/1.

Fragen nicht angemessen berücksichtigt. Verstärkt wird dieser Eindruck, weil genau ihre Beteiligung zum Konzept der Sendungen gehörte. Die Diskussion wird als „einschläfernd langatmig“[318] beschrieben, die Diskussionsteilnehmer als „Kaffeekränzchen intellektueller Komiker“.[319] Deutlich wird in beidem, dass die von der populären Form der Serie angesprochenen Zuschauer eine Fortsetzung dieser Machart in den Diskussionen suchten. Die Kritik an der „zu trockenen“ Vermittlung durch Dokumentation und Wissenschaft findet sich hier wieder. Das wissenschaftliche Bedürfnis, komplexen Zusammenhängen gerecht zu werden, führt auf der Zuschauerseite zu Unverständnis.

Daran anschließend, aber in etwas andere Richtung, gehen einige Kritiken an einer mangelnden faktischen Unterfütterung der Spielhandlung, einschließlich der Korrektur falsch dargestellter historischer Umstände. So äußert sich ein Verfasser, enttäuscht von der Diskussion: Wenn gesagt würde, dass Euthanasie durch das Einwirken der Kirche gestoppt wurde, mute „dass wie ein Witz an“.[320] Ein anderer beschwert sich, dass nicht moniert würde, dass über dem Tor des KZs Buchenwald nicht „Buchenwald“ stünde (wie im Film), sondern „Jedem das Seine“.[321]

(2) Sendeplatz

Es gibt immer wieder Beschwerden über die Sendezeit und den Sendeplatz. Das Thema gehöre ins erste Programm und die späten Sendezeiten würden das Zuschauen erschweren, wird argumentiert.[322] Dabei geht der Vorwurf teilweise so weit, dass ein gezielter Ausschluss von „bestimmten Bevölkerungsteilen“ beabsichtigt sei, denn die Arbeiterschaft müsse pünktlich bei der Arbeit erscheinen.[323]

(3) Amerikanische Herkunft und Kitsch

Die Zuschauer bedauern, dass die Serie in den USA gemacht wurde. Sowohl hinsichtlich des Produktionsstandortes als auch der Machart. Nach ihrem Empfinden hätten sich deutsche Fernsehanstalten des Themas annehmen sollen.[324] Allerdings wird auch zugestanden, es sei „bezeichnend, daß wir erst einen Hollywood-Superschinken brauchen“ um die Vergangenheit „intensiv

[318] Ebenda, Nr. 89316/1.
[319] Ebenda, Nr. 5712/1.
[320] Ebenda, Nr. 6300/1.
[321] Ebenda, Nr. 2184/1.
[322] Ebenda, Nr. 5544/1.
[323] Ebenda, Nr. 3696/4.
[324] Ebenda

anzuschauen".[325] Und trotz einiger kitschiger Stellen hätte der Film „uns" an die „nicht gerade rühmliche Vergangenheit" erinnert.[326]

(4) Emotion und Identifikation

Die emotionale und Identifikation erzeugende Machart wird positiv aufgenommen. Dabei wird der Vergleich gezogen, dass auch die großen deutschen Dichter auf das Mittel, Gefühl zu erzeugen zurückgegriffen hätten. Deshalb sollten weiter Informationen „in Form von Unterhaltungssendungen" [327] gebracht werden. Gleichwohl wird auch von einem „Druck" zur Identifikation und Selbsterforschung gesprochen.[328]

(5) Film und Wirklichkeit

Die Authentizität der Filmhandlung wird angezweifelt. Die nach „30 Jahren gestellten Bilder ließen doch berechtigten Argwohn zu", wird einmal geäußert. Dabei gesteht der Verfasser aber wiederum zu, dass in der Betrachtung des gesamten Komplexes, der Film zur „optimalen Wahrheit" beitragen könne.[329] In einem anderen Brief wird geschrieben, in der Serie sei „verschwommen angedeutet" worden, es hätte einen hohen Anteil von Auslandsdeutschen in der SS gegeben.[330] Auch hier überwiegt die Skepsis gegenüber der historischen Glaubwürdigkeit.

6.4.1.3. Ablehnend

Die bei den „ambivalenten" Briefen vorgefundene Tendenz zu einer Häufung männlicher, älterer Verfasser verstärkt sich bei den ablehnenden, „negativen" Briefen deutlich. Von 16 Briefen sind zehn erkennbar von Männern geschrieben, einer von einer Frau. Fünf stammen von Zeitzeugen, gegenüber zweien von Spätergeborenen.

Neben deutlichen Äußerungen („Schlussstrich" (1.)), „Holocaust" gar nicht zu zeigen, werden die Diskussionen (2.) heftig kritisiert. Von der Machart wird die Qualität des Films (3.), die Darstellung der Deutschen (4.) und die amerikanische Herkunft von „Holocaust" (5.) scharf angegriffen. Außerdem wird die Diskrepanz zwischen Film und Wirklichkeit (6.) angeprangert.

---

[325] Ebenda, Nr. 4200/1.
[326] Ebenda, Nr. 4536/1.
[327] Ebenda, Nr. 3696/4.
[328] Ebenda, Nr. 924/1.
[329] Ebenda, Nr. 5292/1.
[330] Ebenda, Nr. 3696/4.

(1) „Schlussstrich“

Die Frage eines älteren Mannes, ob durch „Holocaust“ nicht neues Unrecht geweckt würde[331] (ohne sich genauer zu erklären), ist eine der harmloseren Bemerkungen der ablehnenden Briefe. Die Ausstrahlung wird hier insgesamt aufs Schärfste kritisiert. Der Tenor dieser Teilgruppe lässt sich als „Schlussstrich-Forderung“ zusammenfassen. Es wird von einer „wahren Orgie der Selbstgeißelung Abend für Abend“ gesprochen. Diese „Massenverleugnung des eigenen Volkes“ solle man auf keinen Fall mitmachen.[332] Mit „so einem Film“ würde der Hass nur ständig neu geschürt, und „manchmal muß die Vergangenheit verblassen“ wird argumentiert.[333] Auch wollten „die meisten Familien mit solchen Filmen nicht mehr konfrontiert werden.“[334] Und man müsse sich in Zukunft vor „solchen perfiden Angriffen gegen die Familie“ schützen.[335]

(2) Diskussion

Ähnlich heftig äußern sich die Verfasser zu den Fernseh-Diskussionen. Wie bei den „ambivalenten“ Briefen fühlen sie sich mit ihren Fragen und Einstellungen nicht berücksichtigt, bei den Telefonanrufen würde nicht „auf die Argumente anders Urteilender“ eingegangen.[336] Die Diskussion wird dementsprechend als „einseitig“ empfunden.[337] Es gibt hier einen deutlichen Widerspruch zwischen dem öffentlichen Geschichtsdiskurs und den Einstellungen dieser Verfasser. An der Schnittstelle zwischen öffentlichem und privaten Raum, bei dem durch die direkte Zuschauerbeteiligung kein journalistischer „Filter“ sondiert, kommt es zur Kollision der Geschichtsbilder bzw. der Teilhabewünsche.

Zwei Einzelfälle gehen in andere Richtungen. Eine ältere Frau ist verärgert, dass in einer Diskussion holländische Gäste „unseren großen Politiker“ (ein Name wird nicht genannt) in „empörender Art zur Rechenschaft“ gezogen hätten.[338] Der Bezug ist nicht ganz klar erkennbar, aber es geht um eine Verletzung des Nationalstolzes, der durch die als unangemessen empfundene Kritik an einem Repräsentanten Deutschlands ausgelöst wurde. In der anderen Ausnahme wird in einer Art „Intellektuellen-Kritik“ die Diskussion als

---

331 Ebenda, Nr. 168/1.
332 Ebenda, Nr. 1260/2.
333 Ebenda, Nr. 8904/2.
334 Ebenda
335 Ebenda, Nr. 1260/2.
336 Ebenda, Nr. 1596/4.
337 Ebenda, Nr. 3024/1.
338 Ebenda, Nr. 3864/1.

„Katastrophe“ beschrieben, weil „viele Arbeiter“ ihr nicht folgen konnten, wenn „ein Professor Jacobsen“ von der „Qualität des Systems der Vernichtung“ spreche.[339]

(3) Qualität des Films

In den nicht weiter erläuterten Aussagen wird „Holocaust“ als qualitätslos eingestuft. Dabei sind die extremsten Bezeichnungen „Hetzfilm“ und „Horrorfilm“,[340] sie erscheinen immer wieder in den Texten. Die deutschen Programmmacher werden als „ dumme unkritische Sklaven der Umerziehungszentralen in Amerika und Israel“ bezeichnet, die die Hände weglassen sollten von diesem „Hetz – und Erpresserfilm.“[341] Bedrohlich klingt die Aussage eines Zuschauers, der Film würde „in der Absicht als Hetzfilm“ der historischen Wahrheitssuche „zum Nachteil der jüdischen Mitmenschen“ nur schaden.[342]

(4) Anti-Deutsche Darstellung

Heftig wird gegen die angeblich anti-deutsche Tendenz in „Holocaust“ gewettert. Das transportierte „Bild der Deutschen“ wird als große Ungerechtigkeit empfunden. „Holocaust“ wird zum Beispiel als „größte Lüge und Hetze, die je gegen das deutsche Volk gestartet worden ist“ bezeichnet.[343] Das „Feindbild des furchtbaren, teuflischen Deutschen“ sei durch „Holocaust“ in der Welt wieder „mächtig“ auferstanden. Der Film sei infam, die deutsche Seite würde verzeichnet.[344] Auch hätte der „Spaltpilz des Hetzfilms“ die Deutschen erneut gespalten. Nun sehe man, wer sein Volk lieben würde und wer es durch „solche Sendungen“ beschmutze.[345]

Mit dem Hinweis, es gebe viele gute Bücher zu dem Thema, wird gegen die Verwendung des Films in Schulen gesprochen und verärgert gefragt: *„Sahen Sie einen ordentlichen oder guten Deutschen in diesem Film. Warum sagt man nicht das es ein Anti Deutscher Film war [...].“*[346] Auch wird argumentiert, der Film sei ein Nachteil für Auslandsdeutsche. Wegen ihm würden in Amerika unschuldige Schulkinder auf den Strassen verprügelt.[347]

---

339 Ebenda, Nr. 8568/1.

340 Ebenda, Nr. 3192/1.

341 Ebenda

342 Ebenda, Nr. 1596/4.

343 Ebenda, Nr. 252/1.

344 Ebenda, Nr. 1596/4.

345 Ebenda, Nr. 5628/3.

346 Ebenda, Nr. 3024/1.

347 Ebenda, Nr. 6720/1.

(5) Amerikanischer Film

Ein besonderes Dorn im Auge ist vielen der amerikanische Ursprung von „Holocaust". Damit verbinden sie Kitsch, Oberflächlichkeit, kommerzielle Ausrichtung statt künstlerischem Anspruch.[348] Allerdings sind diese Argumente mit der generellen Ablehnung verknüpft. Sie wirken oftmals vorgeschoben. Zum Beispiel geht der Vorwurf der kommerziellen Ausrichtung einher mit der Beurteilung, die Amerikaner seien durch ihre eigene „Rassendiskriminierung" und „Ausrottung der Indianer" am wenigsten prädestiniert, einen solchen Film zu machen.[349]

(6) Film und Wirklichkeit

Die ablehnenden Verfasser empfinden „Holocaust" als historisch unwahr. Aus ihrer Sicht verbreitet der Film Lügen. „Holocaust" sei „total verdreht", man könne sich nur wundern, wie man ihn dem deutschen Volke vorsetzen könne, schreibt ein Zuschauer, der Film sei „die größte Lüge", die jemals gegen das deutsche Volk gestartet worden sei.[350] Geschichtsfälschung und Verleumdung hätten in „Holocaust" ihren Höhepunkt erreicht.[351] Dabei wird kaum im einzelnen benannt, wo im Film angeblich gelogen wurde. Die Briefe wirken eher wie Wutäußerungen. Eine der wenigen Ausnahmen in dieser Hinsicht ist ein Schreiben, das den „Horror-Schinken Holocaust" mit der „Lüge von Katyn" vergleicht. Auf gestellten Bildern würden deutsche Soldaten mit Schirmmützen an Massengräbern gezeigt. Bekanntlich trugen deutsche Soldaten aber Schiffchen, „die sowjetische Lüge" sei geplatzt.[352]

6.4.1.4. Nicht erkennbar

Drei Briefe sind „nicht erkennbar" in ihrer Wertung, beziehen sich aber auf den Film oder die dazugehörenden Diskussionen. Zwei stammen von Männern, einer von einer Frau, die als „Zeitzeugin" erkennbar ist. Sie äußert sich ablehnend gegenüber einer in der Diskussion gefallenen Aussage eines jüdischen Teilnehmers. Er hatte, laut Brief, gesagt, die Deutschen sollten stolz darauf sein, dass sie Deutsche sind, wie er (der Diskussionsteilnehmer) stolz sei, Jude zu sein. Es sei schrecklich, diesen trennenden, provozierenden Stolz zu propagieren, stellt sie dem entgegen.[353] Die anderen beiden Briefe sind

---

[348] Ebenda, Nr. 4872/2.
[349] Ebenda, Nr. 8568/1.
[350] Ebenda, Nr. 252/1.
[351] Ebenda, Nr. 1260/2.
[352] Ebenda, Nr. 5124/4.
[353] Ebenda, Nr. 5460/10.

neutral gehaltene Nachfragen über einzelne Aussagen und Zuschauerreaktionen.[354]

6.4.1.5. Zwischenergebnis: Wie wird das Medienereignis „Holocaust" bewertet?

Insgesamt wird „Holocaust" in den Zuschauerbriefen positiv aufgenommen. Es ist erkennbar, dass das zu einem großen Teil an der Machart der Serie liegt. Die „populäre" Form hat die Zuschauer erreicht. Die Darstellung des historischen Geschehens in seiner Gesamtheit wird von der großen Mehrheit der Verfasser nicht in Frage gestellt. Auch sieht diese Mehrheit darin keinen Angriff auf „die Deutschen". Eine selbstkritische Einstellung wird sichtbar. Über das Thema zu reflektieren bedurfte bei vielen eines Auslösers. Diesen hat „Holocaust" geliefert. Gleichzeitig hat die fiktive, populäre Darstellung einen neuen Zugang ermöglicht. Abstraktes Wissen wurde für die Verfasser durch eine fühlbare, nachvollziehbare Dimension erweitert. Sie erleben es als eine „Verwirklichung". Hier wird die Definitionsmacht von „Holocaust" sichtbar. Nach dem Motto „so war das also" wird „Holocaust" von vielen als die „wahre" Geschichte der Judenverfolgung nachvollzogen.

Deutlich wird auch die mangelnde Reichweite „seriöser" und/oder wissenschaftlicher Darstellungen. Sie zeigt sich in der Kritik der Diskussionsrunden. Nach Ansicht der Verfasser repräsentieren sie in ihrer Zusammensetzung genau die intellektuelle Elite, die einen „abgehobenen", wissenschaftlichen Diskurs innerhalb ihres Zirkels führt. Das wird teilweise als gezielter Ausschluss der „weniger Gebildeten" empfunden. Auch hier wird aber die positive Grundhaltung gegenüber der filmischen Aufarbeitung deutlich, und damit auch das grundsätzliche Interesse an dem Thema. Wie in dem Kapitel 5 „Das Medienereignis Holocaust" gezeigt wurde, nahm die öffentliche Debatte diese Haltung sehr stark auf und schloss sich, entgegen anfänglicher Kritik, dem Wunsch nach „populäreren" Darstellungen an.

Eine (allerdings deutlich sichtbare) Minderheit lehnt „Holocaust" vehement ab. Diese Verfasser finden sich und ihre Einstellungen weder in der Serie noch in den Diskussionen wieder. Es gibt hier eine drastische Differenz zwischen dem öffentlichen Diskurs und den Einstellungen dieser Gruppe. Vor allem die Darstellung der Deutschen wird als sehr ungerecht empfunden. Die Machart des Films insgesamt wird ebenfalls scharf zurückgewiesen. Diese Kritik wirkt aber oftmals vorgeschoben, um einem allgemeineren Ärger Luft machen zu können.

---

[354] Ebenda, Nr. 5880/1 und Nr. 6384/1

6.4.2. Geschichtsbilder („...wie es wirklich war...")

62 der Briefe erhalten „erzählende" Passagen über die NS-Vergangenheit. Sowohl aus eigenem Erleben als auch in der Form der Nacherzählung von Fremderlebten (zum Beispiel von Eltern oder Geschwistern) wird berichtet. Teilweise wird auch Geschichte erzählt, die in schulischem, medialem oder in einem anderen nicht persönlichen Zusammenhang erlernt wurde. 36 Männer gegenüber 22 Frauen und 33 Zeitzeugen gegenüber 12 Spätergeborenen sind erkennbar. Es gibt im Vergleich zur Gesamtstichprobe einen etwas höheren Anteil an Frauen und einen signifikant höheren Anteil an „Zeitzeugen."

Die Erzählungen kreisen um drei Hauptmotive: Erstens Leidensgeschichten von eigenen oder fremden Leid. Zweitens die Frage: „Was wusste man vor 1945 von den Verbrechen?" Und drittens: „Wie kam es zur Machtergreifung der Nationalsozialisten und den Verbrechen?". Oder: „Wie konnte das geschehen?" Daneben gibt es viertens als einzelnes Geschichtsbild[355] noch mehrmals auftretende Erzählungen von „meinem Juden", in denen Verfasser berichten, wie sie persönlich Juden geholfen haben.

6.4.2.1. Leid

(1) Eigenes Leid

In den Schilderungen eigener Leiderfahrungen wird überwiegend die Kriegszeit beschrieben. Der unmittelbare Schreibanlass wird meistens nicht sichtbar, denn es finden sich keine oder kaum (direkte) argumentative Passagen. Zum Beispiel kommt es in diesen Briefen nicht zu Schuldzuweisungen. Die Briefe werden genutzt, um den eigenen Erfahrungen Ausdruck zu verleihen. Dabei sind die Hauptthemen: Vertreibung, Bombenangriffe, der Tod und die Versehrtheit von Verwandten und Freunden. Diese Schilderungen sind teilweise mehrere Seiten lang. Auch das Leiden unter der NS-Diktatur fließt mit ein. Trotz fehlender direkter Rechtfertigungen entsteht als Gesamteindruck ein „Bitten um Verständnis". Für die Anerkennung des eigenen Schicksals und der begrenzten physischen und psychischen Reserven, dem Regime zu widerstehen, wird gesprochen. Anschaulich wird das in diesem Brief einer Zeitzeugin: *„Dann kam der Bombenkrieg, schon Sept 39 mußten wir in den Keller, mein Bruder fiel 1940, mein Mann 42 und 3 Wochen vorher noch total ausgebombt. Da hatte jeder so sein Kreuz und kümmerte sich nicht um Gerüchte, sonst gab es ja nichts als nur den Volksempfänger und wenn wir mal BBC anstellten, so wurde uns ganz schlecht und wir stellten wieder ab, um leben zu können. Wer kann das hören, 100 000 Tote im Osten*

355 Unter „Geschichtsbildern" werden hier wirkliche oder behauptete historische Faktizitäten und deren Begründung verstanden.

usw. Das waren doch unsere Väter und Brüder. Wir hatten nicht die Nerven dazu, das anzuhören.'[356]

Bei den wenigen Beschreibungen von Opfern des NS fehlt dieser untergründige Rechtfertigungscharakter. Neben den eigenen Verfolgungs- und Leidensgeschichten werden vor allem die Geschehnisse anhand eigenen Erlebens bestätigt.[357] Insgesamt überwiegt das eigene Leiden gegenüber dem Mitleid in den Briefen.

(2) Fremdes Leid

Die Briefe, die Schmerz und Tod von anderen schildern, beziehen sich fast ausschließlich auf die Opfer des NS, hauptsächlich Juden. Dabei wird von Augenzeugen berichtet, wie 1942 auf einem Sammelplatz Juden zusammengetrieben wurden,[358] oder wie 1943 zum ersten Mal Bilder von Massengräbern auftauchten.[359] In einem Brief werden zwei Fälle geschildert, in denen jüdische und nichtjüdische Einwohner einer besetzten Ortschaft von SS-Verbänden in Kirchen eingesperrt und verbrannt wurden. Es ist jedoch nicht ersichtlich, ob der Verfasser Zeuge der Taten war oder nach Hörensagen berichtet.[360]

Sehr bewegend schildert eine Frau, wie sie nach dem Krieg ehemaligen KZ-Häftlingen begegnete: *„Das alles gehört zu den dunkelsten Punkten in meiner Vergangenheit, deren Erinnerungen ich jetzt nach 14 Jahren noch nicht verkraften kann [...] Ich lebte damals in der DDR und wurde als Dolmetscherin in eine Krankenhaus geholt (ich arbeitete dort als Arztsekretärin). Dort mußte ich die letzten Phasen ungarischer und italienischer Jüdinnen miterleben aus Bergen-Belsen und aus Auschwitz [...] Es waren Jüdinnen aus Budapest und aus Ungarn überhaupt – die bei Nacht und Nebel dort weggetrieben wurden, weil sich die Front näherte [...] [...] 5 Tage lang hat man ihnen nicht zu essen und zu trinken gegeben – 5 Tage lang, haben sie keine Medikamente bekommen. es waren von 150 K–Z-lerinnen noch 50 übrig geblieben – sie habe sich mit ihrer Schwester nur retten können indem sie sich unter die Toten gelegt habe...“*[361]

In einem Brief werden verängstigte und ausgemergelte Wehrmachtssoldaten beschrieben, die kurz vor der Niederlage Danzigs, die „Hosen gestrichen voll hatten, vor Sorge und Angst.“[362]

---

[356] Ebenda, Nr. 3444/1.
[357] Ebenda, Nr. 8148/2.
[358] Ebenda, Nr. 4536/1.
[359] Ebenda, Nr. 4788/1.
[360] Ebenda, Nr. 6972/1.
[361] Ebenda, Nr. 6804/1.
[362] Ebenda, Nr. 5460/10.

6.4.2.2. „Was wusste man?“

Die Frage nach dem Wissen um die Verbrechen ist ein Hauptthema der Briefe. Dabei überwiegen zwei Positionen ganz eindeutig: Zum einen die Schilderungen, in denen berichtet wird, die Verfasser selber hätten „nichts gewusst“ (1.) oder ganz allgemein „hätte man nichts gewusst.“ Zum anderen Darstellungen, in denen teilweise Wissen eingestanden wird (2.), die im Tenor aber darauf hinauslaufen, das Ausmaß der Verbrechen sei nicht bekannt gewesen.

(1) „Nichts gewusst“

In mehreren Briefen stellen die Verfasser einfach fest, sie hätten „nichts gewusst“ von den Verbrechen, ohne weitere Erläuterungen.[363] Als häufigstes Erklärungsmuster wird jedoch die Nichtweitergabe von Informationen beschrieben. Dabei wird deutlich, dass die Verfasser (von Ausnahmen abgesehen) nicht daran glauben, „das deutsche Volk“ hätte „nichts gewusst“, nur ein kleiner Täterkreis sei informiert gewesen. Es wird vielmehr erzählt, dass sowohl ehemalige Häftlinge das Erlebte verschwiegen,[364] als auch Soldaten, die an der Ostfront Zeugen von Verbrechen geworden sein könnten. Angst und der Schutz der Angehörigen werden dabei als Gründe angeführt.[365] Teilweise gehen die Verfasser sogar eindeutig davon aus, dass im unmittelbaren sozialen Umfeld Informationen über die Vernichtungsmaschinerie vorhanden waren. Dabei wird die eigene Position des „Nichts-Gewusst-Habens“ aber nie aufgegeben. So beschreibt zum Beispiel eine Frau, ihr Mann müsste etwas von den KZ gewusst haben, denn er hätte versucht, aus der SS auszutreten und in die Wehrmacht zu wechseln.[366] Manche Schilderungen sind unglaubwürdig. Ein ehemaliger Soldat berichtet, er hätte im Baltikum Juden in einem Lager beauf-

---

[363] Ebenda, Nr. 6636/1 und Nr. 7140.

[364] Ebenda, Nr. 4032/3 und 8820/1. Eine Zeitzeugin erzählt von dem Bericht eines jüdischen Freundes, der nach der Entlassung aus einem Lager mit ihr sprach: *„Hier aber will ich seine eigenen Worte zitieren: „Verzeiht mir, aber ich muß davon reden, ich muß es einmal irgendwo losbringen, ich ersticke in den Qualen der Erinnerung. Aber ich bitte euch um alles in der Welt: Sagt niemals und niemandem etwas von dem, was ich Euch erzähle. Er wäre Euer und mein Tod. Bei der Entlassung mußte ich unterschreiben, daß ich absolutes Stillschweigen bewahren werde über alles, was im Lager geschieht, widrigenfalls ich als Verleumder sofort hingerichtet würde, ebenso jene Leute, die eventuell derartige Erzählungen weitergeben würden. [...] Nun, wir hatten 2 Kinder, finden Sie es begreiflich, daß wir tatsächlich geschwiegen haben? Und hätten wir den Mut besessen, zu reden, was wäre die Folge gewesen?[...]Und was hätte es damals der Sache geholfen ? Nichts. Eine ohnmächtige Verzweiflung, ein Ausgeliefertsein hatte sich unser bemächtigt.“* Ebenda, Nr. 2604/3.

[365] *„...so besteht die Möglichkeit, daß sie Frauen nicht beunruhigen oder erschrecken wollten [...] Das gab es also wirklich: Deutsche, die erst 1945 von den Massenverbrechen etwas erfahren haben, und es waren viele...“* Ebenda, Nr. 5208/1.

[366] Ebenda, Nr. 3444/1.

sichtigt und fährt dann fort: *„Ich möchte ausdrücklich betonen, daß ich von den Verbrechen der SS nichts gewußt habe. Innerhalb des Fliegerhorstes war auch ein Massengrab. Ich stand oft davor [...] Auf meine Frage, wer das getan hat, gab man mir zur Antwort, nationale Litauer sollen es gewesen sein Meine Juden habe ich nicht gefragt. Ich hatte irgendwie Hemmungen, und ich wollte auch nicht in ihrem Schmerz wühlen.* '[367]

Eine Frau (*1946) führt an, das anfängliche Unwissen sei durch die Geheimhaltung der Verantwortlichen und die fehlenden Massenmedien zu erklären, und „was die Soldaten, die im Urlaub nach Hause kamen," erzählten, sei „so unglaublich im wahrsten Sinne des Wortes" gewesen.[368]

(2) „Man wusste es...aber nicht, was wirklich geschah"

In der zweiten Hauptargumentationslinie geht es um die Kenntnis des Ausmaßes der Verbrechen. Die Existenz von Konzentrationslagern wird als allgemein bekannt beschrieben.[369] Die Verfasser betonen jedoch ausdrücklich, nicht die Vorgänge in den KZs gekannt zu haben. Dabei entsteht fast durchweg der Eindruck, es sei vermieden worden, genauere Informationen über die Verbrechen zu bekommen. Der „Moment des Nichtwissens" taucht fast nur als aktiver oder bewusster Vorgang in den Erzählungen auf.[370] Die Abwehr des Wissens wird mit der eigenen Überlastung und/oder Ohnmacht begründet. Typisch ist die Erzählung einer Frau (*1901): *"Auch wenn die Namen „Buchenwald" und Dachau bekannt waren und man gehört hatte, dass Juden dorthin deportiert worden waren, so machte man sich keine Vorstellung davon und interessierte sich nicht weiter dafür. Man war mit den eigenen Sorgen – Angehörige im Felde, Kochtopf und Bomben – vollauf ausgelastet.* '[371]

Nur vier Briefe äußern sich eindeutig. Das Wissen um die Verbrechen wird zugegeben oder der Überzeugung Ausdruck verliehen, die meisten Deutschen hätten davon gewusst.[372] Wenn anderen Unwissen zugestanden wird, wird es als bewusst in Kauf genommen beschrieben (was die Frage aufwirft, ob das dann überhaupt als „Nichtwissen" verstanden werden kann).

---

[367] Ebenda, Nr. 2856/2.

[368] Ebenda, Nr. 1848/2.

[369] Ebenda, Nr. 8820/1.

[370] In einem Brief erzählt die Verfasserin, sie hätten von den Lagern und den Umständen „wie die Nazis vorgingen" gewusst, „aber nichts von den Greueln," die in Auschwitz" passierten. Ebenda, Nr. 3780/2. In einem anderen Beispiel schreibt ein älterer Mann (*1907): *Man hat wohl schlimmes geahnt, aber von den wirklichen Verbrechen nichts gewußt. Ohnmächtig, wie ein Einzelner war, verließ man sich wohl darauf, daß die Generalität derart scheußliche Verbrechen niemals zulassen würde.* "Ebenda, Nr. 6552/1.

[371] Ebenda, Nr. 1902/2.

[372] Ebenda, Nr. 2772/1.

Dabei wird darauf hingewiesen, dass seit 1933 die Verfolgung beobachtet werden konnte,[373] oder dass es zu den „vom ersten Tag in aller Offenheit zynisch zugegebenen Zielen der Nazi-Verbrecher" gehört habe, die Juden zu „eliminieren".[374] Die Äußerung „Das habe ich nicht gewusst" wird als „stereotype, larmoyante Schutzbehauptung" bezeichnet.[375] Jeder Erwachsene hätte sich informieren können, wenn er gewollt hätte, denn „derartige Dinge sind ja nicht nur nachts geschehen".[376] Wer wissen wollte, der hätte gewusst.[377] Zwei der Verfasser schildern zudem von ihnen beobachtete Deportationen.[378]

6.4.2.3. „Wie kam es dazu?"

Wie das NS-Regime entstand, sich festigte und seine Verbrechen ausführen konnte, ist ein weiteres Hauptthema. „Traditionen und Religion" (Obrigkeitstreue und Gehorsam (1.) und Antisemitismus und religiöse Faktoren (2.)) bilden ein Erklärungsmuster. Diese kulturellen Faktoren bzw. grundlegenden Bedingungen tauchen insgesamt ohne einen genaueren Zeitbezug auf.

Die Jahre um 1933 als „unmittelbare Ausgangssituation" der „Machtergreifung" wird als bestimmt von ökonomischen, sozialen und politischen Problemen (3.) beschrieben. Weniger zeitgebunden werden „idealistische" Motive (4.) und die Informationssituation einschließlich der Propaganda (5.) als Erklärungen genannt. Sie betreffen die gesamte Zeit des NS-Regimes sowie deren Vorlauf am Ende der Weimarer Republik. Die Zeit des Zweiten Weltkrieges wird als Phase der verschärften Repression, Verfolgung und des Holocaust (6.) erinnert. Zudem wird noch eine Mittäterschaft des Auslandes (7.) gesehen.

(1) Obrigkeitstreue und Gehorsam

Obrigkeitstreue bis zum „Kadavergehorsam", ein „ungeheurer Respekt vor dem Gesetz" und „Angst vor der Uniform" werden „den Deutschen" als verankert in Kultur und Erziehung unterstellt. Dabei werden die Unterordnung und der „von früher Kindheit an beigebrachte unbedingte Gehorsam" als Bedingungen angeführt, die „die Handlanger der Vernichtung" dazu gebrächt hätten, auch die „unmenschlichsten Befehle" auszuführen.[379]

---

373 Ebenda
374 Ebenda, Nr. 5712/1.
375 Ebenda
376 Ebenda, Nr. 7560/1.
377 Ebenda, Nr. 5712/1.
378 Ebenda, Nr. 2184/1 und Nr. 7560/1.
379 Ebenda, Nr. 2268/4.

(2) Antisemitismus und religiöse Faktoren

Auch der Antisemitismus wird als tief verwurzelt beschrieben. Allgemein formuliert ein Verfasser, vielleicht hätten die Nichtjuden „im Unterbewusstsein“ schon lange darauf gewartet, sich an den Juden zu rächen. Die „sanktionierte Judenverfehmung“ hätte dann die Möglichkeit gegeben, dieses „Missbehagen“ zu entladen.[380] In einem religiösen Kontext werden die Ursachen des Antisemitismus in Jahrhunderte alten christlichen Traditionen gesehen. Das „fabrikmäßige Töten“ von Juden im NS wird als direkte Folge der Verfolgung seit dem römischen Reich beschrieben (*„Im christlichen Abendland passte der jüdische Standpunkt nicht mit der Staatsreligion überein [...] Seit das Christentum Staatsreligion war, begann der Leidensweg [...] Zur Zeit der Kreuzzüge erging es den Juden nicht besser als unter Hitler“*).[381] Umgekehrt wird den Christen in Deutschland vorgeworfen, wenn sie sich nach ihrem Glauben und dem 2. Gebot verhalten hätten, wären „diese Untaten“ nicht durchführbar gewesen.[382]

(3) Ökonomische, soziale und politische Situation

Der Übergang von der Weimarer Republik zur Hitler-Diktatur wird vor allem mit der desolaten wirtschaftlichen und daraus resultierenden sozialen Situation, sowie der politischen Schwäche begründet. Jahrelange Arbeitslosigkeit, die bei vielen zur Hoffnungslosigkeit führte, hätten den Nährboden für den Machtwechsel geschaffen.[383] Politische Instabilität und „Demokraten, die zwar in der Mehrheit waren“, aber „uneins und schlapp in der Reaktion“, werden als weitere Faktoren angeführt.[384] Ebenso die Unfähigkeit der Regierungen, eine Veränderung zum Besseren herbeizuführen. Deutlich wird der Tenor in dieser Schilderung: *„...ich selbst war von 1930-1933 als junger Mann arbeitslos [...] und mit mir waren 7 Millionen arbeitslos und kaum Hoffnung auf Arbeit. Eine bürgerliche Regierung wechselte die andere ab (Brüning) und keiner war in der Lage die Wirtschaft wieder flott zu machen. In dieser miserablen und hoffnungslosen Lage wurde bei der Reichstagwahl am 31.7.32 die Hitlerpartei die stärkste Partei im Reichstag, die bürgerlichen Parteien hatten das Vertrauen des Volkes verloren.“*[385] Von den Weimarer Politikern bleibt ein negativer Eindruck, während Hitler in diesem Zusammenhang positiv beschrieben wird: *„Man muß nun gerechter Weise zugeben, das unter Führung Hitlers die deutsche Wirtschaft wieder auf Touren kam. Nach und nach*

---

[380] Ebenda, Nr. 1596/4.
[381] Ebenda, Nr. 6048/1.
[382] Ebenda, Nr. 1512/2.
[383] Ebenda, Nr. 5796/1 und Nr. 2604/3.
[384] Ebenda, Nr. 1832/2.
[385] Ebenda, Nr. 2352/3.

kamen alle wieder in Leben und Brot.“[386] Zudem verband sich, laut der Verfasser, der Antisemitismus mit den ökonomischen Problemen. Viele rechtsgerichtete Akademiker hätten ihre eigene Arbeitslosigkeit ursächlich gesehen in der Besetzung der wirtschaftlichen Führungsebenen mit Juden.[387] Die Niederlage des Ersten Weltkrieges als „moralische Niederlage“ taucht einmal unter den „Ursachen“ auf.[388]

Einen kulturellen Faktor, aber mit starkem Bezug zur politischen Situation Anfang der 30er Jahre, nennt ein Brief. Als Kennzeichen der deutschen politischen Kultur bestimmt der Verfasser, dass „ausgerechnet die politische Linke“ die „Bürgerrechte oder Menschenrechte“ erkämpft hätte und nicht die Bürger selbst. Und fragt sich daraus folgernd, ob nicht die Bürger dadurch umso leichter ihren Rechten entsagen konnten.[389]

(4) Idealismus und „politische Blindheit“

Eine Mischung aus Idealismus (und daraus folgender Blindheit) wird gerade für die Anfänge der Hitler-Diktatur bei vielen Deutschen konstatiert, besonders die Jüngeren werden dabei hervorgehoben. Der Generation der zwischen 1922-1925 geborenen wird zu Gute gehalten, dass sie zum einen erst in den Wirren der Weimarer Republik aufwuchsen, zum anderen dann beim Machtwechsel sehr jung waren. Die Verfasser argumentieren, dass sie dadurch keine Möglichkeit hatten, Hitler kritisch zu sehen und sich der Euphorie am wenigsten entziehen konnten.[390] Hitler sei es „voll und ganz gelungen“, die Jugend für sich zu gewinnen.[391] So schreibt eine Frau des Jahrganges 1922, sie hätten sich bei den Jungmädchen der Hitlerjugend begeistert für „Sport und die Spiele, die Fahrten und die Gesellschaft“, seien aber nicht imstande gewesen, „alles politisch zu sehen.“[392] Idealismus wird aber auch anderen zugesprochen. Es hätte, „unter den damaligen Uniformträgern“ viele gegeben, die „lediglich aus idealen Motiven“ heraus der NSDAP und anderen NS-Organisationen anhingen, „das gelte nicht nur für die irregeleitete Jugend“.[393]

---

[386] Ebenda

[387] Briefe zu „Holocaust“, SFB, 1979, Nr. 72/2.

[388] Briefe zu „Holocaust“, WDR, 1979, Nr. 1932/2.

[389] Ebenda, Nr. 588/2.

[390] Ebenda, Nr. 4452/5.

[391] Ebenda

[392] Ebenda, Nr. 3360/1.

[393] Ebenda, Nr. 4032/3.

(5) Informationssituation und Propaganda

Mit diesem blinden Idealismus zusammenfallend, aber bis in die späteren Jahren der Diktatur (und teilweise bis Kriegsende) wirkend, werden die Informationssituation allgemein und speziell die propagandistische Hetze für das Geschehen im Dritten Reich verantwortlich gemacht. Die Verfasser beschreiben, wie das Volk durch die öffentliche Hetze auf die Verbrechen vorbereitet wurde. Die „früher betriebene Rassenhetze" hätte dann später zum „Rassenmord" geführt.[394] Außer den Juden als Feindbild wird auch die Darstellung von „russischen Untermenschen" und dem Bolschewismus als „Weltfeind Nr. 1" genannt.[395] Durch die Kontrolle der Medien wären gleichzeitig viele (entscheidende) Informationen der Bevölkerung vorenthalten worden, es hätte eine gezielte Fehlinformation gegeben, das Volk sei belogen worden.[396] Neben der Judenverfolgung, bzw. der Ermordung, wird dies auch für die Kriegsvorbereitungen angegeben. Insgesamt wird die öffentliche Informationskontrolle als so dominant und durchgreifend beschrieben, dass alternative Sichtweisen nicht oder kaum möglich waren bzw. entstehen konnten.

(6) Repression

Für die Zeit ab 1938 wird als wichtigster Faktor die Repression genannt. Eine Atmosphäre von Angst, in der jeder Nachbar oder bisherige Freund der nächste Denunziant sein konnte, wird beschrieben.[397] Jede schon geringfügige negative Äußerung über das Regime hätte genügt, um in die „Maschinerie der Nazis" zu geraten, mit jedem wehrhaften Verhalten hätte man sich der Gefahr ausgesetzt, verhaftet zu werden.[398] Bei Widerstand wäre sofort die Gestapo gekommen „noch in der Nacht und hätte uns umgebracht in irgendeinem Keller," so eine Zeitzeugin.[399]

Die daraus abgeleitete Unmöglichkeit irgendeines Widerstandes wird auch für das Militär angeführt. Es wird von einem Befehl Hitlers berichtet, Warschau nach der Niederschlagung des Aufstandes 1944 dem Erdboden gleichzumachen, alle Polen im Kampfgebiet zu töten; und ebenfalls jeden deutschen Soldaten, der „weich wird und diesen Befehl nicht befolgt".[400] In einem anderen Fall wird die harte Bestrafung eines Soldaten mit drei Jahren Ge-

---

[394] Ebenda, Nr. 5964/1.

[395] Ebenda, Nr. 4032/3.

[396] Ebenda, Nr. 1848/2.

[397] Ebenda

[398] Ebenda, Nr. 3780/2.

[399] Ebenda, Nr. 3863/1.

[400] Ebenda, Nr. 2520/2.

fängnis für eine falsche Meldung beschrieben. Er wäre dann in einer Bewährungskompanie gekommen und bei einem Angriff erschossen worden, schreibt dessen Bruder.[401]

Ein Gegenbild zum alle Widerstände erstickenden Staat entwerfen nur zwei Briefe. Ein Mann (*1927) beschreibt, dass ohne die passive Duldung, „die heimliche Zustimmung der Mehrheit unseres Volkes" die Völkermorde nicht möglich gewesen wären.[402] In einem anderen Brief wird gesagt, „Gottlob" hätte es einige Mutige und Entschlossene gegeben, die gegen das System angingen, oft auch unter Einsatz ihres Lebens.[403]

(7) Das Ausland als Mittäter

Drei Briefe führen für das Zustandekommen von Krieg und Holocaust das indirekte und direkte Mitwirken des Auslandes an. Vor allem Amerika hätte ein großes Interesse an dem Krieg gehabt, er sei ein „eiskaltes Geschäft" gewesen, an dem die Beteiligten „nicht schlecht" verdient hätten.[404] In Bezug zur Ermordung der Juden fragt ein Verfasser, in welchem Umfang Ukrainer daran teilgenommen hätten.[405]

6.4.2.4. „Mein Jude"

Ein mehrere Male auftauchende „Erzählung" handelt von „meinem Juden". Dabei geht es um die „persönliche" Beziehung zu einem Juden, dem der Verfasser geholfen hat. Im Vordergrund steht dabei immer die Tat des Helfens. Dabei wirken die Erzählungen geradezu naiv. Eine ältere „Zeitzeugin" berichtet zum Beispiel von ihrem Mann, der als Soldat in Polen war. Einer Jüdin, die Kirschen verkaufte, hätte er ihre Geldkassette zurückgegeben, die „einige seiner sehr jungen Soldaten im Frevel und Übermut weggenommen hatten". Danach wäre „diese Frau ihm aus Freude darüber um den Hals gefallen". Sie hätte dies erst kürzlich einem Juden erzählt, der darauf geantwortet hätte: „Das wird ihm Gott vergelten."[406] Ein Mann berichtet, er könne sich noch erinnern, wie seine Mutter einem „kleinen Judenkind" auf dem Markt eine Apfelsine gab. Entgegen der Proteste anwesender Frauen hätte sie daran festgehalten, mit der Bemerkung „Kind ist Kind."[407]

---

[401] Ebenda, Nr. 2840/2.
[402] Ebenda, Nr. 5712/1.
[403] Ebenda, Nr. 4872/2.
[404] Ebenda, Nr. 4956/1.
[405] Ebenda, Nr. 4620/4.
[406] Ebenda, Nr. 3444/1.
[407] Ebenda, Nr. 3612/2.

In einem Brief einer älteren Frau wird von einer längeren Unterstützung eines Juden berichtet. Allerdings wird dabei der genaue Zusammenhang nicht klar, und auch hier steht die eigene Tat im Zentrum.[408]

6.4.2.5. Geschichte als manipulierte Konstruktion

In zwei Briefen wird die Entstehung von Geschichte kritisiert. Die Darstellung von Vergangenheit (=Geschichte) wird grundsätzlich als von den Herrschenden „manipuliert und gelenkt" beschrieben, was besonders für die Zeit von 1933 – 1945 gelte. Deshalb gebe es keine ausreichende Erklärung der Geschehnisse.[409] Die Argumentation wird nicht weiter ausgeführt. Der Mensch würde aus der Geschichte so lernen wie sie geschrieben ist und ihm beigebracht wird, „nicht so wie sie tatsächlich war".[410] Mit der Unmöglichkeit, das „wirkliche" Geschehen noch zu erfassen, löst sich nach dieser Argumentation der Erklärungswert von Geschichte auf. Die Vergangenheit bleibt damit verschlossen.

6.4.2.6. Zwischenergebnis: Wie wird die „Wirklichkeit" des NS beschrieben?

Das Dritte Reich wird als hermetische Situation beschrieben. Anfangs für die Verfasser nicht durchschaubar und aus sozialer Ausweglosigkeit in Folge der Weimarer Zustände von der Bevölkerung befürwortet, war später jeder Widerstand unmöglich. Dabei gibt es eingestandene Verbindungen mit dem NS nur in Bereichen oder auf Handlungsebenen, die die Verfasser in einem relativ positiven, zumindest milden Licht erscheinen lassen. Diejenigen, die in NS-Organisationen mitgemacht haben, taten es, laut den Verfassern, aus Idealismus. Mit dem „Eingeständnis" der daraus folgenden „politischen Blindheit" geben sie weitere Verantwortung ab. Sie stellen sich in gewissem Sinne als „vermindert schuldfähig", weil eben geblendet; dar, ein Zustand der getrübten Wahrnehmung. Zudem wird dieser Idealismus als von dem Regime bewusst erzeugt beschrieben, ebenso später die vermeintlich mangelnden Informationsmöglichkeiten über die Verbrechen in KZs und Frontgebieten. Dabei brechen die Verfasser die behauptete Geschlossenheit ihrer Argumentationen (unbeabsichtigt) selber auf, jedoch ohne dies so zu benennen: Sie gestehen ein, dass es sehr wohl möglich war, sich zu informieren.

---

408 *"Auch das möchte ich noch erwähnen: dass wir in den kritischen Jahren der Nazizeit ein jüdisches Ehepaar unterstützt haben und trotz ihres ihnen aufgezwungenen „Sternes" und der Gefahren, die uns dadurch drohten, nicht aufgaben, diesen Menschen beizustehen und zu helfen."* Ebenda, Nr. 3780/2.

409 Ebenda, Nr. 5292/1.

410 Ebenda, Nr. 7056/7.

In den Beschreibungen von Leid und Repression wird die Selbstwahrnehmung als Opfer sehr deutlich. Waren die Verfasser erst Opfer der sozialen Missstände und der Propaganda, so wurden sie später Opfer der Repression und schließlich des Krieges. Die Trennung zwischen ihnen und dem Regime ist sehr deutlich und erinnert an die Geschichtsinterpretationen der fünfziger Jahre. Selbstkritik ist in diesen Darstellungen kaum vorhanden.

6.4.3. Schuld

Die „Schuldfrage" ist eines der wichtigsten und quantitativ am stärksten vertretenen Themen. In 64 von 104 Briefen finden sich dazu Textpassagen. Die Briefe sind in die Kategorien „Schuld anerkennend", „ambivalent" und „Schuld ablehnend" eingeteilt. Als Sonderpunkt wird die „Schuld/Rolle der Wehrmacht" untersucht. Die zwölf Briefe sind separat ausgezählt, weil sie als eigener Punkt erfasst wurden. Thematisch gehören sie in dieses Kapitel, da es auch in ihnen um die „Schuldfrage" innerhalb der besonders belasteten Wehrmacht und SS-Verbände geht.

Die „ambivalenten" und „Schuld ablehnenden" Briefe argumentieren häufig ausgehend von den gleichen oder ähnlichen Geschichtsbildern, wie sie im vorangegangenen Unterkapitel beschrieben wurden. Es gibt jedoch qualitative Unterschiede im Auftauchen dieser Bilder, die zur Zuordnung der Text-Passagen für die jeweiligen Abschnitte geführt haben. Die Geschichtsbilder sind in den tendenziell *argumentativen, „aktiven"* Briefen zur Schuldfrage bereits explizit „instrumentalisiert". Sie werden herangezogen, um die jeweilige, eigene Position der Verfasser zu untermauern. Im vorherigen Unterkapitel setzte sich das Gesamtbild zusammen aus tendenziell *erzählenden, „passiven"* Passagen, aus denen implizit Rückschlüsse auf das Schuldempfinden gezogen werden können, jedoch nicht explizit mit ihnen gearbeitet, also diskutiert, wurde. Durch diese Überschneidungen wird gleichzeitig deutlich, wie sehr spezifische Interpretationen der NS-Vergangenheit Grundlage der Schulddebatten sind, und wiederum, welche dieser Interpretationen für welche Positionen aktiviert werden können.

6.4.3.1. Exkurs: Die Schuldfrage

Der Philosoph Karl Jaspers differenzierte 1946 den Schuldbegriff in kriminelle, politische, moralische und metaphysische Schuld.[411] Kriminelle Schuld (1.) betrifft nach Jaspers Handlungen, die gegen geltendes Recht verstoßen. Instanz einer Beurteilung ist das Gericht. Bei der politischen Schuld (2.)geht es

[411] Jaspers, K., 1996.

um die Haftbarkeit des Individuums als Bürger eines Staates für die Handlungen seiner Staatsmänner. Sie ergibt sich aus der Mitverantwortung, die jeder Einzelne für seine Regierung trägt. Wille und Gewalt der Sieger bestimmen über Schuld und Unschuld. Die moralische Schuld (3.) betrifft die Verantwortung des Einzelnen für seine individuellen Handlungen, auch politische und militärische. Das eigene Gewissen ist hier der Maßstab und die Instanz zur Schulderkennung. Die metaphysische Schuld (4.) schließlich ergibt sich aus der Solidarität aller Menschen untereinander. Aus ihr heraus ist der Einzelne mitverantwortlich für Verbrechen, die in seiner Gegenwart oder mit seinem Wissen geschehen. Instanz einer Schuldsprechung ist hier Gott allein.[412]

Die Qualitäten der „Schuld anerkennenden“, „ambivalenten“ und „Schuld ablehnenden“ Briefe lassen sich mit diesen Begriffen verdeutlichen. Sie dienen hier daher der Zuordnung.

6.4.3.2. Schuld anerkennend

Rund ein Drittel der Schreiben (22 von 64) sind „positiv“, d.h. sie argumentieren dafür, Schuld anzuerkennen oder tun dies implizit, z.B., indem sie „Schuldige“ benennen. Männer (zwölf erkennbar) und Frauen (neun erkennbar) tauchen in etwa der Gesamtstichprobe entsprechend häufig auf. Einen Überhang gibt es in der Altersverteilung. Die Hälfte derjenigen, die Schuld anerkennen, sind im „Dritten Reich“ Kinder oder Jugendliche gewesen, ein Großteil ist erst nach 1940 geboren (in der Gesamtstichprobe sind ca. zwei Drittel vor 1933 geboren). Fürsprechend und anerkennend äußern sich hier also tendenziell mehr Jüngere.

(1) Kriminelle Schuld

Auf eine kriminelle Schuld beziehen sich nur wenige Briefe. Selbstbezichtigungen gibt es auf dieser Ebenen keine. Ein Verfasser stellt klar, dass die „KZ-Frage“ keine Abrechnung mit einem Kriegsgegner gewesen sei, entgegen „alle denen“ die immer davon sprächen, was „die anderen“ an „Grausamkeiten in anderen Kriegen“ verübt hätten.[413]

Fluchthilfe für Nazigrößen wird der Kirche vorgehalten und gefragt, wie man sich „so was erklären soll?“[414] Auch dass innerhalb der Deutschen Re-

---

[412] Ebenda, S. 17 f.

[413] Briefe zu „Holocaust“, WDR, 1979, Nr. 7812/1.

[414] Ebenda, Nr. 588/2.

formierten Kirche „ein Pfarrer den anderen ins KZ“ bringen ließ, wird angeklagt.[415]

(2) Politische Schuld

Ein großer Teil der schuldanerkennenden Briefe argumentiert auf Ebenen, die sich als Verantwortung aus der Zugehörigkeit zum Deutschen Volk erklären lassen. In diesen Briefen oder Textabschnitten geht es um eine bleibende Schuld, die nach den Beschreibungen nicht von Individuen beglichen werden kann und auch nicht an ihnen festgemacht wird. Die Verfasser sprechen z. B. häufig von der Schuld der Deutschen oder des Deutschen Volkes.[416] Sie definieren sich als Teil desselben, indem sie „wir“ als personale Form verwenden und bestimmen sich als mitverantwortlich, unabhängig von ihrem Alter oder ihrer Biografie. Die Verbrechen und die daraus erwachsene Schuld werden als unauslöschlich empfunden und Verantwortung wird oftmals ohne Begründung oder Erläuterung übernommen. Deutsch zu sein, ist oftmals der einzige biographische Bezug. Bei den positiven Schreiben überwiegt eine Art selbstverständliche Anerkennung von Schuld, die zwar nicht durch die Taten aller Deutschen verursacht wurde, aber von allen Deutschen qua Zugehörigkeit zum „Kollektiv der Deutschen“ getragen werden muss. Zum Beispiel schreibt eine Frau, die Last, zu den Deutschen zu gehören, sei nie abzuschütteln und dürfe auch nicht vergessen werden.[417] Oder in einem anderen Schreiben wird rhetorisch gefragt, wer sich denn „als Deutscher“ von dieser von seinen „Brüdern“ begangenen Schuld reinwaschen wolle?[418] Die Übernahme einer kollektiven Verantwortung ohne persönliches Verschulden wird in dem Brief einer aus Breslau stammenden Frau (Jahrgang 1934) beispielhaft deutlich: *„Wir wissen sehr gut, dass wir die Last unserer Geschichte immer mit uns herumtragen.[...] Es tat sehr weh, wenn die Deutsche Geschichte in Breslau so ausgelöscht wird und gezeigt wird, wie polnisch es ist. Aber wie kann ich das Deutschtum Breslaus verteidigen, wenn am Mittagstisch bei unseren polnischen Gastgebern eine Tante sitzt, die das Brandmahl von Auschwitz trägt.“*[419]

---

[415] In diesen beiden Fällen gibt es keine weiteren Erläuterungen, die eine Zuschreibung krimineller Schuld klar erkennen lassen. Die Argumentationen beziehen sich mehr auf das politische Handeln.

[416] U.a. ebenda, Nr. 3612/2.

[417] Ebenda, Nr. 6468/1.

[418] Ebenda, Nr. 840/1.

[419] Ebenda, Nr. 1344/1.

(3) Moralische Schuld

Neben der bleibenden Verantwortung *in Folge* empfundener kollektiver Verantwortung, gibt es auch Aussagen, die sich direkt auf die im Dritten Reich herangewachsene Generation beziehen. Die „meisten" seien doch für Hitler gewesen, wird hier angeführt,[420] und bemerkt, der älteren Generation würde zu Recht „der Spiegel vorgehalten"[421] (durch „Holocaust"). In eine ähnliche Richtung geht der Brief einer Jüdin, die über ihren Großvater schreibt, im Zweiten Weltkrieg habe ihn „dasselbe Vaterland umgebracht", das ihm im Ersten Weltkrieg einen Orden gegeben hätte.[422]

Moralische Schuld wird immer wieder auch der Kirche (insbesondere der katholischen) vorgehalten. Sie habe sich zu passiv verhalten, nicht oder nicht genug gegen die Verbrechen gesprochen, vergeblich wäre auf die „mahnende Stimme" der Kirche gewartet worden.[423] Als „Witz" wird die Behauptung bezeichnet, zu sagen, die Euthanasie wäre durch die Kirche gestoppt worden.[424] Ein Mitarbeiter einer Katholisch-Theologischen Fakultät findet die Rolle der Kirchen im „Dritten Reich und bei der Judenfrage beschämend für eine Theologen".[425]

Sehr deutlich in Bezug auf eine moralische Schuld äußert sich ein ehemaliger Soldat, der als Kriegsgefangener nach Russland kam. Er argumentiert, wenn „nur eine Million gegen Hitler gestorben wäre, anstatt viele Millionen für ihn" hätten die anderen nicht sterben müssen, das sei „unsere Schuld, auch meine". Dabei versteht er die Gefangenschaft als „unausbleibliche Vergeltung", bei der eigentlich „von Rechts wegen niemand übrigbleiben durfte". Er begründet dies zusätzlich auch auf einer metaphysischen Schuldebene„ weil „wir alle" die genauen Ereignisse von Auschwitz „nicht kannten, aber ahnten" und sagt: *„Es geht nicht um das Eingeständnis moralischer Schuld, sondern darum, daß seelische Gleichgültigkeit mit dem Leiden der von den Nazis Verfolgten eben moralische Schuld impliziert."* [426]

In zwei Briefen wird ein starkes persönliches Schuldempfinden deutlich, obwohl beide Verfasser das „Dritte Reich" nur als Kind erlebten. Ein Mann bittet für seinen Vater um Verzeihung, „einen Nationalsozialisten und Russland-Soldaten" und prangert an, wie denn „ein Betroffener verzeihen" könn-

---

[420] Ebenda, Nr. 6888/1.
[421] Ebenda, Nr. 5544/1.
[422] Ebenda, Nr. 756/5.
[423] Ebenda, Nr. 8064/1.
[424] Ebenda, Nr. 6300/1.
[425] Ebenda, Nr. 4620/4.
[426] Ebenda, Nr. 5712/1.

te, wenn sich „niemand zu seinem Verschulden" bekenne.[427] In dem anderen Brief fragt sich eine Frau, ob sie die Kraft gehabt hätte, „den Anfängen zu wehren" und bekennt, sie fühle sich mitschuldig.[428]

(4) Metaphysische Schuld

Das Wissen um die Verbrechern ist auf dieser Ebene der häufigst genannte Punkt für eine Schuldzusprechung bzw. Schuldannahme. Die Verfasser, die sich hierauf beziehen, halten das „Nichtwissen für eine reine Schutzbehauptung",[429] die meisten hätten von den Verbrechen gewusst.[430] Dabei werden sowohl „alle Erwachsenen" zur Verantwortung gezogen, als auch in einer genaueren Aufzählung, die Universitätsprofessoren, die nicht ihre Stimme erhoben hätten, die Unternehmer, die sich an jüdischen Eigentum bereichert hätten und die „schreckliche Rolle der Hitler anhimmelnden Frauen" und ihr „verhängnisvoller Einfluss auf ihre Kinder" angeführt.[431]

6.4.3.3. Ambivalent

Neben den „positiven" Briefen gibt es ein weiteres Drittel (20) Briefe, die „ambivalent" gegenüber der Schuldfrage sind. Dabei sind 13 als „Zeitzeugen" einzustufen, 4 als „Spätergeborene". 10 sind als Männer erkennbar, 8 als Frauen. Es gibt also einen Überhang älterer Menschen.

Diese „ambivalenten" Briefe enthalten Schuldbekenntnisse (die argumentativ denen der „positiven Briefe" ähneln). Politische Schuld wird zugestanden. Eingefügt, vor- oder nachgestellt tauchen schuldeinschränkende Passagen auf. Dabei geht es vor allem um moralische Schuld. Die Schuldebenen sind dabei meistens verknüpft. Oft so, dass aus einer Schuldzuschreibung an andere (die auf jeder der vier Schuldebenen erfolgen kann) als Umkehrschluss eine eingeschränkte moralische Schuld der deutschen Bevölkerung insgesamt oder des Verfassers abgeleitet wird.

Sechs argumentative Muster sind hauptsächlich zu finden. Die Verantwortung wird auf einen kleinen Kreis Personen (1.) beschränkt: Hitler und seine Führungselite. Daran angeschlossen wird der „Terror des Regimes" (2.) genannt, wenn Briefe darauf eingehen, warum kein oder nur geringer Widerstand geleistet wurde. Dieses Argument wird auch häufig angeführt, um zu „entschuldigen", warum trotz des Wissens um die Verbrechen keine Gegen-

---

427 Ebenda, Nr. 7308/1.

428 Ebenda, Nr. 1344/1.

429 Ebenda, Nr. 7560/1 und siehe auch Nr. 8146/2.

430 Ebenda, Nr. 2272/1.

431 Ebenda

wehr erfolgte. Für die Zustimmung zu Hitler wird als wichtigster Grund die soziale Lage (3.) angeführt, vor allem Arbeitslosigkeit. Das eigene Leiden (4.) wird verwendet, um sowohl eine „allgemeine“ Erklärung für Mitlaufen und Passivität („Jeder hatte mit sich selbst zu tun“) zu liefern, als auch die in die Gegenwart hinein wirkende Schuld durch das Argument „Alle hätten gelitten/würden leiden“ einzuschränken. Unwissen über die Verbrechen (5.) wird als weiterer Grund für passives Verhalten genannt. Eine Mitschuld des Auslandes (6.) wird hinsichtlich mehrerer Aspekte formuliert. Von den Verbrechen anderer Länder als Relativierung bis zu dem Vorwurf, trotz des Wissens um die Verbrechen nicht gehandelt zu haben (z.B. Auschwitz zu bombardieren).

(1) Die Schuld weniger

Ein einfaches Argumentationsmuster ist die Konzentration von Schuld auf Hitler und seine Führungsriege. Hitler selbst wird dabei beschrieben als Verbrecher und Wahnsinniger[432] oder als Teufel.[433] Seine Führungselite bekommt ähnliche Attribute, es waren „eine Handvoll Männer“, die von „solch einem Wahn besessen waren.“[434] Auch die Mörder in den KZs sind in diesen Texten „Geisteskranke, wahnsinnige Sadisten“.[435] Die Ambivalenz zwischen Schuldempfinden und Abwehr wird deutlich in der Verknüpfung eines Zeitzeugen: *„Wir haben fast ganz Europa ins Elend gestürzt [...] und haben unsere eigenen Leiden letztlich nur Hitler zu verdanken.“*[436]

(2) Repression

Ausgangspunkt ist das Geschichtsbild des übermächtigen repressiven Kontrollapparaes. Dieser wird als „so gut organisiert“ beschrieben, dass den meisten „die Situation erst bewusst wurde“, als es zu spät gewesen sei. Daraus wird abgeleitet, dass man heute leicht fragen könne: „Wie konnte es dazu kommen?“[437] Man habe geschwiegen, um sein Leben zu retten.[438] Die Verfasser legen hier ihren Schwerpunkt auf die Unmöglichkeit des Widerstandes angesichts eines Terrorregimes. Sie erkennen begangene Schuld in ihren Schilderungen an, jedoch trennen sie zwischen sich und dem unterdrückenden, schuldigen Regime durch ihre als „erzwungen“ beschriebene Passivität.

---

[432] Ebenda, Nr. 4536/1.

[433] Ebenda, Nr. 3780/2.

[434] Ebenda, Nr. 1848/2.

[435] Ebenda

[436] Ebenda, Nr. 3360/1.

[437] Ebenda, Nr. 2604/3.

[438] Ebenda, Nr. 2352/3

Dem entgegen äußert sich eine Frau Jahrgang 1934, die auch Druck und „Angst vor Denunziationen" als Erklärung für den geringen Widerstand nennt, dann aber anfügt, nicht zu vergessen, dass „wir" den Krieg angefangen und noch „Wir wollen den totalen Krieg" geschrien hätten.[439]

(3) Soziale Situation

Die Situation Ende der zwanziger und Anfang der dreißiger Jahre wird als hoffnungslos dargestellt, vor allem die Arbeitslosigkeit und die aus ihr resultierende Not. Aus beidem heraus würde „man verstehen", dass die Arbeitslosen und Armen „willig mitgingen"[440] (mit den Nationalsozialisten). Aufgrund dieser „miserablen wirtschaftlichen Lage" sei die ältere Generation „auf die Nazis hereingefallen".[441] Auch die „schnelle Wendung", der Erhalt neuer Arbeit, hätte dazu geführt, den NS zu unterstützen oder „zumindest keinen Widerstand" zu leisten.[442] Diese „Vorgeschichte", die „völlige Trostlosigkeit" in den „vorherigen Jahren" müsse „exakt mit Zahlen" belegt werden, um verständlich zu machen, warum „der größte Teil des Volkes, womöglich die eigenen Großeltern, Mitläufer" waren.[443] In einem Brief führt eine vertriebene Sudetendeutsche an, die Industrie des Sudetengebietes sei besonders in Mitleidenschaft gezogen worden durch die Benachteiligung deutscher Betriebe auf tschechischem Gebiet. Wären die Tschechen klüger gewesen, hätten sie die „Unzufriedenheit der Deutschen nicht so geschürt", Arbeitslosigkeit und Not seien dann „die Ursache" gewesen, dem NS zu folgen.[444]

(4) Eigene Opfer

Die eigenen Opfer tauchen in den „ambivalenten" Briefen kaum auf, ohne die der anderen anzuerkennen. Es wird versucht, das Leiden der Deutschen in der Erinnerung stärker zu betonen, ohne die eigenen Schuld zu vernachlässigen. Zum Beispiel in der „Erzählung", jede Familie hätte während des Krieges unter „schweren Sorgen und Stress" gelitten. Vielleicht helfe der Film, die „Kluft zwischen der schuldigen Generation und der mittleren Generation" zu überbrücken.[445] Ähnlich in der berichtenden Einschätzung, zum Teil hätten „wir selbst zu spüren bekommen", was „auf Befehl eines Teufels" geschah, nicht aber „was letzten Endes jene erlebten, die wegen ihrer Rasse oder An-

---

[439] Ebenda, Nr. 3360/1.
[440] Ebenda, Nr. 1092/2.
[441] Ebenda, Nr. 6552/1.
[442] Ebenda, Nr. 1092/2.
[443] Ebenda
[444] Ebenda, Nr. 2604/3.
[445] Ebenda, Nr. 5208/1.

schauung" verfolgt wurden.[446] Vergleichbar den „Kriegsverbrechen an Juden", sieht man auch hier, wie neben einem relativ moderaten Hinweis auf eigenes Leid, andere, typische Denkmuster („Befehl eines Teufels") quasi „nebenbei" auftauchen.

(5) Wissen um die Verbrechen

Aussagen zum Wissen und Nichtwissen über den Holocaust sind hier unterschiedlich. Es gibt klare Äußerungen, die eine weit verbreitete Kenntnis der Verbrechen beschreiben.[447] In einigen Briefen wird aber Unwissen als Entschuldigung angeführt. So schreibt ein Mann (*1909), „wir" hätten 1945 noch nicht gewusst, dass Juden vernichtet wurden.[448] Ein ebenfalls älterer Verfasser argumentiert, nichts gewusst zu haben, könne man „unserer Generation" zugute halten.[449]

(6) Mitschuld des Auslandes

Dem Ausland wird vorgeworfen, Mitschuld zu tragen am NS und dessen Verbrechen. Dabei sind die Beschreibungen teilweise sehr allgemein gehalten. Das Ausland hätte „ruhig zugesehen", obwohl man dort „wusste, was geschah".[450] Oder die Repräsentanten anderer Staaten hätten „Hitler und seinen Lakaien" den Hof gemacht und dabei „den Kopf in den Sand" gesteckt.[451] In den moderateren Briefen wird, Deutschland einbeziehend und in einem wahrheitssuchenden Tonfall („Ist es nicht sachlich richtig..."),[452] gefordert, dass die Verstrickung anderer Staaten in die Ereignisse stärker beleuchtet werden sollte. Jedes Land solle erforschen, ob es nicht Mittäter gewesen sei, „und deshalb dieselbe Schuld trägt wie wir" und, das Gefühl von Ungerechtigkeit implizit ausdrückend, angefügt, „die man uns nicht vergisst".[453] Härter sind die Vorwürfe, das Entstehen des Nationalsozialismus mitverursacht zu haben, wenn formuliert wird, die Länder, die „unsere erste deutsche Republik unfassbar dumm" behandelt hätten, trügen Mitschuld.[454]

---

446 Ebenda, Nr. 3780/2.
447 Ebenda
448 Ebenda, Nr. 6636/1.
449 Ebenda, Nr. 6552/1.
450 Ebenda, Nr. 4956/1.
451 Ebenda, Nr. 2520/2.
452 Ebenda, Nr. 6048/1.
453 Ebenda
454 Ebenda, Nr. 2520/2.

6.4.3.4. Schuld ablehnend

Deutlich „schuldablehnend“ sind die Äußerungen in einem weiteren Drittel dieser Briefe (22). Zwölf der Verfasser sind als Männer erkennbar, zwei als Frauen. Acht lassen sich als Zeitzeugen einordnen, drei als Spätergeborene. Die Alters- und Geschlechterverteilung ist hier stark verschoben gegenüber der Gesamtstichprobe. Der typische „Schuldablehner“ ist männlich und „alt“.

In den Argumentationen zeigt sich ein sehr deutliches, übergeordnetes Muster: Der Vergleich. Dabei gibt es „Aufrechnungen“ (1.) mit den vermeintlichen oder wirklichen Verbrechen anderer Nationen. Es wird „gleiches Recht für alle“ (2.) im Umgang mit Verbrechen gefordert, „eigenes Leid“ (3.) wird betont. In „Verallgemeinerungen“ (4.) werden Gewalttaten als dem Menschen grundsätzlich innewohnend begründet. Diese vier einzelnen Aspekte sind in der Regel miteinander verbunden. Die Verbrechen des NS tauchen dabei oftmals in den Texten gar nicht auf. Der Vergleich beginnt dann erst mit den Taten der „anderen“. Teilweise wird direkt gegenübergestellt.

Die Forderung nach einem „Schlussstrich“ (5.) unter der Vergangenheit ist ein weiteres Argument (bei dem zum Teil auch mit Vergleichen argumentiert wird). Die „Schuld weniger“ (6.) (ähnlich den „ambivalenten“ Briefen) findet sich vereinzelt.

(1) Aufrechnung

Immer wieder tauchen die Luftangriffe als Beispiel verbrecherischen Handels auf. Sie werden als „Massenvernichtung“ und „Strategie des Bombenterrors“ beschrieben,[455] nach der heute „kein Hahn mehr krähen“ würde.[456] Den Verfassern ist es hier besonders wichtig, dass diese Ereignisse (mehr) Erwähnung in der Öffentlichkeit finden.[457] Sehr deutlich ist das Gefühl einer einseitigen, ungerechten Darstellung. Mehrere Briefe arbeiten mit wütenden, rhetorischen Fragen: *„Bringen sie am Anschluss an diese Sendung auch Filme über die Bombadierung Dresdens und Hamburgs? Über die Ermordung unschuldiger Kleinkinder, Flüchtlinge, Kranker? Wir dürfen das doch erwarten?“*[458] Es wird angeklagt, die Verbrechen der Kriegsgegner würden „quasi im Schatten der großen Judenverfolgung“, gar nicht gesehen werden.[459] Hier zeigt sich die Tendenz einer „Gleichstellung“ von Verbrechen ohne Chronologie oder weiteren Kontext. Neben deutschen

---

[455] Ebenda, Nr. 1596/4.
[456] Ebenda, Nr. 7980/2.
[457] Ebenda, Nr. 6126/1.
[458] Ebenda, Nr. 6720/1.
[459] Ebenda, Nr. 1596/4.

Städten wird auch Hiroschima mehrmals erwähnt und gefragt, wer denn die „Bomben auf Deutschland und die Atombombe auf Japan" abgeworfen habe.[460]

Polen und die Tschechoslowakei werden als Schuldige der Vertreibungen „der Ostdeutschen aus ihrer angestammten Heimat" und der damit zusammenhängenden Ermordung von Deutschen angeklagt.[461] Die Ausführungen sind hier aber deutlich kürzer. Vergewaltigungen, Morde und andere Gräuel durch die Rote Armee, bzw. Russen sind ebenfalls Thema.[462] Auch hier wird kein Kontext geschaffen. Die Gräuel werden geschildert, als wären sie an einem beliebigen und/oder zeitlosen Ort geschehen.[463]

In mehreren Passagen versuchen die Verfasser, den Ursprung der Konzentrationslager außerhalb Deutschlands anzusiedeln. Sie führen an, die KZ seien von den Engländer im Burenkrieg erfunden worden. Diese seien „auch nicht gerade zimperlich im Umgang mit Buren" gewesen.[464] In einer Variante relativiert ein Verfasser, Millionen seien u. a. in „Arbeitslagern" gestorben, „damals und heute. [...] In Südostasien, Afrika, Südamerika."[465] In allen diesen Textstellen finden die deutschen Konzentrationslager keine Erwähnung. Auch hier beginnt die Aufrechnung mit der Seite der „Gegner."

Viele Briefe sind allgemein gehalten. Die Verbindung zum NS und/oder Zweiten Weltkrieg ist dabei schwach. Wie den Engländern (z.B.) der Burenkrieg, wird den USA immer wieder „Vietnam", die „Sklaverei" und die „Ausrottung der Indianer" vorgehalten.[466] „Straflager in Sibirien" und „Stalin" werden in ähnlicher Weise gegen die UdSSR verwendet, die mit den USA zusammen als die „größten Kriegsverbrecher der Weltgeschichte" bezeichnet werden.[467] Die allgemeinen Aufrechnungen gehen also bis in die Gegenwart

---

460 Ebenda, Nr. 5460/10. Siehe auch Nr. 1260/2.

461 Ebenda, Nr. 8232/2. Siehe auch Nr. 4704/3 und Nr. 6216/1.

462 Ebenda, Nr. 7980/2.

463 Auffällig ist unter diesen Schilderungen der Erlebnisbericht eines ehemaligen Wehrmachtsangehörigen (*1924). Er beschreibt darin, wie er in der Ukraine die Leichen von Kameraden sah, die Russen „in die Hände gefallen" waren und grausam getötet wurden (*„Sie waren über und über mit Messerstichen bedeckt"*). Dann verwendet er Erklärungsmuster, die wie das Ergebnis nationalsozialistischer Propaganda wirken: Zum Beispiel seien Frauen nach „slawischer Manier und Überlieferung" schon immer „Freiwild und Beute" der Sieger gewesen, und es sei eine „östliche Spezialität" gewesen, „Gefangenen Glasröhrchen in den Penis zu schieben und mit Hammerschlägen zu zertrümmern", was „auch nicht deutschen Gehirnen entstamme". Ebenda, Nr. 4032/3.

464 Ebenda und Nr. 5460/10.

465 Ebenda, Nr. 1596/4.

466 Ebenda, Nr. 5460/10.

467 Ebenda, Nr. 252/1. Siehe auch 8820/1.

und Beliebigkeit. Sie wirken wie Beweisführungen allgegenwärtiger Schuld, die die Verbrechen des NS zu einer „Fußnote der Geschichte“ relativieren.[468] „Persien“, „Israel“, „Palästina“, etc. werden ohne weitere Erläuterungen angeführt als Beispiele für staatliche und terroristische Gewalt.[469] Daraus leiten die Verfasser dann eine mangelnde Legitimität anderer Länder ab, Deutschland zu kritisieren.[470]

(2) Gleiches Recht

Aus der Empfindung, Verbrechen vergleichbarer oder gleichwertiger „Art“ würden überall geschehen, aber nur den Deutschen angekreidet, leitet sich die Forderung nach „gleichem Recht für alle“ ab. Durch die Kontextlosigkeit ihrer Schilderungen wird für die Verfasser auch eine Verurteilung der „anderen“ plausibel und dringend. Während „die vielfältigen Unmenschlichkeiten der Alliierten“ vergessen seien, existiere der Begriff „Kriegsverbrecher“ (!) grundsätzlich nur für die Deutschen,[471] wird zum Beispiel geschrieben. Oder: Man könne „nicht immer mit zweierlei Maß rechten.“ Während „die einen bestraft würden“, blieben „die Täter der Gegnerseite unangetastet“.[472] Nachdem „die Hauptschuldigen pauschal abgeurteilt“ seien, solle man „der Gerechtigkeit dergestalt freien Lauf lassen, indem man auch alle Verbrechen anderer anprangert.“[473] Die „Mordtaten“ seien unter einer „anderen Gesetzmäßigkeit, unter uns heutigen fremden Vorraussetzung“ geschehen, gesteht derselbe

---

468 Die Briefe in diesem Abschnitt sind oft sehr umfassend. Ein anschauliches Beispiel dafür ist dieses Schreiben: „*Es wird so getan, als könnten nur die Deutschen solche Grausamkeiten begehen. Aber was ist in Wirklichkeit schon alles geschehen und geschieht heute noch. [...] 1. Durch die Eroberung Amerikas wurde das gesamte Indianer-Volk ausgerottet. 2. Die Sklaverei der Neger durch die Weißen in Amerika steht an Grausamkeit die Judenverfolgung nichts nach. Sie dauerte über Jahrhunderte und ist heute noch nicht bewältigt. 3. Durch den Wurf der Atombombe auf Hiroshima und Nagasaki wurden 100-tausende Menschen vernichtet und zu Krüppeln. 4. Bei der Vertreibung der Deutschen aus ihrer Ostdeutschen Heimat kamen zwei Millionen Menschen ums Leben. 5. In den Lagern Lamsdorf und Myslowitz in Oberschlesien wurden Deutsche von Polen so behandelt wie die Juden in Auschwitz. 6. In Vietnam wurden ganze Dörfer und Städte ausgelöscht. Frauen und Kinder brutal ermordet. 7. An der deutsch-deutschen Grenze werden Menschen noch heut kaltblütig erschossen. 8. Grausamkeiten in Irland, Persien, Afrika, Türkei in den USA und Rußland, es steht keiner dem anderen nach! Nachdem was jetzt noch an Grausamkeiten geschieht ist für mich die Judenverfolgung kein Einzelfall an Brutalität die nur wir deutschen begehen konnten, nein, jedes Volk ist dazu fähig.*“ Ebenda, Nr. 420/2.

469 Ebenda, Nr.1008/1, Nr. 4704/3 und Nr. 8820/1.

470 Ebenda, Nr. 252/1.

471 Ebenda, Nr. 4032/3.

472 Ebenda, Nr. 1596/4.

473 Ebenda, Nr. 4032/3.

Verfasser, um dann zu schlussfolgern: „Mensch ist Mensch, ob Freund, ob Feind, und Mord ist Mord bei diesen, jenen oder bei Völkern". Dann fordert er die gleiche Strafe für alle Täter. Das sei dann Gerechtigkeit.[474] Als Gegenbeispiel wird angeführt, dass in der UdSSR niemand wegen der Verbrechen der Roten Armee büße.[475] Oder dass nach dem Krieg Angehörige der „Wehrmacht und anderer Organisationen" in Landsberg a. Lech von „den Amerikanern einfach gehängt" wurden, ohne „viel nach Schuld oder Nichtschuld zu fragen", „nur weil sie Deutsche waren". Man solle sich „doch mal wehren", ehe die Geschichte nur das deutsche Volk für alle Zeiten als Verbrecher abstempeln würde.[476]

(3) Eigenes Leid

Die Schilderungen eigenen Leides sind sowohl persönlich gefärbt als auch allgemein gehalten. Im Tonfall des „wir haben auch gelitten" wird beklagt, dass die eigenen Opfer nicht genannt werden. Es gibt persönliche Schilderungen, die von eigenen Ausbombadierungen berichten, von getöteten Freunden, Bekannten, deutschen Soldaten.[477] Eine Frau fragt rhetorisch, ob man es nicht der Generation, die unter Diktatur und Weltkriegen gelitten hat, schuldig sei, zu sagen, dass die meisten Deutschen die „grauenhaften Taten" nicht kannten.[478] Auch hier geht es um das öffentliche Bild und ein Gefühl von ungerechter Darstellung. Bei den allgemeineren Schilderungen fällt auf, dass immer wieder die hohen Zahlen der Todesopfer betont werden, als wollte man den „6 Millionen" ein Gegengewicht geben. Zum Beispiel schreibt ein Mann (*1935): *„Was ihnen wohl oder vielleicht nicht bekannt sein wird sind in den polnischen KZs immerhin auch zwei Millionen Menschen umgebracht worden (Deutsche Menschen) ob Nazi oder nicht."* [479]

(4) Verallgemeinerung

Immer wieder finden sich Formulierungen, die ein Sammelsurium verschiedener Verbrechen zusammenziehen. Ein Rechtsempfinden, dass die Motive außen vor lässt, zeigt sich in Äußerungen wie „Mord bleibt Mord und Folter bleibt Folter, egal für welchen Zweck" oder „wer ohne Schuld ist, werfe den ersten Stein." [480] Gräueltaten werden als „keine deutsche Angelegenheit, son-

---

474 Ebenda

475 Ebenda, Nr. 1260/2. „Mit zweierlei Maß" auch Nr. 4032/3.

476 Ebenda, Nr. 1596/4.

477 Ebenda und Nr. 4704/3 sowie Nr. 8820/1.

478 Ebenda, Nr. 1176/1.

479 Ebenda, Nr. 252/1.

480 Ebenda, Nr. 5460/10.

dern eine allgemein menschliche" beschrieben und „kein Volk, das seine Geschichte genauer kennt", könne sich „selbstgefällig an die Brust greifen und glauben, es sei besser."[481] Auch bei den Auflistungen gehen die NS-spezifischen Verbrechen unter. Eine Nivellierung aller Gewalttaten findet hier statt. Nebeneinander tauchen „Napoleon", der „Alte Fritz von Preußen", „Persien," „Israel," „Uganda," „Hexenverbrennungen" und/oder der „Tod von 900 Sektenanhängern in Guayana" als nicht weiter erläuterte Schlagwörter auf, in einen Zusammenhang gestellt mit dem Holocaust.[482]

(5) Schlussstrich

Auch bei der Forderung nach einem „Schlussstrich" unter der Vergangenheit wird zwischen Deutschland und anderen Nationen verglichen. Die Aufarbeitung wird als „unsere Engstirnigkeit" bezeichnet, die man nach „35 Jahren leidiger Anschuldigungen unserer Feinde" ablegen solle, um sich „internationalen Gepflogenheiten" anzupassen.[483] Zum Beispiel sei im englischen Fernsehen noch nie eine Gedenksendung über die „Terrorangriffe" auf die deutsche Zivilbevölkerung gezeigt worden[484] (die Argumentationen schließen hier an die Forderung nach „gleichem Recht" im Sinne eines „gleichen Umganges" an).

Neben dem Vergleich erscheint die Auseinandersetzung mit der Vergangenheit den Verfassern auch als kontraproduktiv und überholt. Sie fragen sich, was „das noch bezwecken soll", es würde den Hass nur noch mehr schüren.[485] Man solle es endlich unterlassen, „ständig alte Wunden aufzureißen" und der Jugend einzureden, sie habe „für die angebliche Schuld ihrer Väter" zu büßen.[486] Es sei fraglich, ob das „Waschen schmutziger Wäsche" zur Völkerverständigung beitrage. In dieser Beziehung hätten andere Völker offensichtlich ein feineres Gespür als „wir Deutschen". [487]

Verbunden mit einer Konzentration auf wenige Täter, wird formuliert, nachdem die „Hauptschuldigen pauschal abgeurteilt sind" oder „wie Heß ihre Strafe noch abbüßen", solle man doch versuchen, einen „großen Schlussstrich" zu ziehen.[488]

---

481 Ebenda, Nr. 8820/1.

482 Ebenda, sowie Nr. 420/2, Nr. 4032/3 und Nr. 5460/10.

483 Ebenda, Nr. 1260/2.

484 Ebenda

485 Ebenda, Nr. 1008/1.

486 Ebenda, Nr. 1260/2.

487 Ebenda, Nr. 4032/3.

488 Ebenda

6.4.3.5. Sonderpunkt: Schuld/Rolle der Wehrmacht

Zur Wehrmacht bzw. zur Waffen-SS und SS äußern sich fast ausschließlich Zeitzeugen. Erkennbar sind zehn Männer und eine Frau. Gegenüber zehn Zeitzeugen stammt nur ein einziger Brief von einem Spätergeborenen (*1945), er ist allerdings der Sohn eines SS-Mannes.[489] Bei einem Brief ist das Alter nicht erkennbar.[490] Der direkte biographische Bezug ist in diesem Themenabschnitt besonders hoch (und im Gegensatz zu anderen thematischen Aspekten fast immer erkennbar).

Die Mehrheit der Verfasser sind ehemalige Soldaten oder Angehörige der Waffen-SS. Sie fühlen sich ungerecht behandelt, falsch verstanden, nicht anerkannt. Es gibt ein Bedürfnis, dass als öffentlich geltend empfundene Bild der „Soldaten als Täter" zu korrigieren. Dabei treten hauptsächlich drei argumentative Muster auf: (1.) Einer (vermeintlichen) Verallgemeinerung zwischen den einzelnen „Waffengattungen" wird deutlich widersprochen. Wehrmacht, Waffen-SS und SS sollten getrennt betrachtet und bewertet werden. (2.) Die „Leistungen" (z. B. „Verteidigung des Vaterlandes", „Pflichterfüllung") der Soldaten sollen (endlich) anerkannt werden. Dazu kommen (3.) selbst erlebte oder gehörte „Einzelgeschichten von anständigen Soldaten", oftmals als Ergänzung oder „Unterfütterung" der anderen Argumentationen. In ihnen wird nicht unbedingt explizit für eine Korrektur von Geschichtsbildern gestritten. Vielmehr widersprechen diese Erzählungen implizit Anschuldigungen, „die Soldaten" seien an Verbrechen beteiligt gewesen, indem sie ein individuell geprägtes Gegenbild aufbauen.[491]

Wichtig ist den Verfassern, den Kreis der Täter klein und von sich entfernt zu halten. Keiner der ehemaligen Soldaten bestreitet Verbrechen, alle ziehen jedoch Trennstriche zwischen sich und anderen Einheiten, Verbänden oder Personen. Schuld wird weitergeschoben, ein- bzw. abgegrenzt. Typisch ist eine Distanzierung von Wehrmachtssoldaten gegenüber der SS, die für die Verbrechen verantwortlich gemacht wird. So beschreibt ein ehemaliger Offizier einer Panzereinheit den Unterschied zwischen der Wehrmacht und SS-Einsatzgruppen als „himmelsweit", beide hätten nichts gemein. Die SS würde

---

489 Ebenda, Nr. 4452/5.

490 Ebenda, Nr. 5544/1.

491 Zum Beispiel gehört dazu die Schilderung eines Soldaten von der Niederschlagung des Warschauer Aufstandes. Er gesteht zu, dass „eine relativ geringe Zahl von Sadisten und durch die NS-Propaganda aus der Bahn geworfene Spießer" (von denen er zwei namentlich benennt) Grausamkeiten verübten, „die kaum wiederzugeben sind." Zur „Ehre der Masse der Feldgrauen Soldaten" müsse aber gesagt werden, dass der Befehl, alle Polen im Kampfgebiet als Aufständische anzusehen und zu erschießen, nicht wörtlich genommen worden wäre. Ebenda, Nr. 2520/2.

„uns Soldaten“ diskreditieren. Er selber habe nur seine Pflicht getan und hätte sich nie zum Handlanger von Mord und Vernichtung machen lassen. Er sei in allen seinen Handlungen „immer Soldat gewesen.“[492] Es wird beschrieben, dass ausschließlich bestimmte Einsatzgruppen für „diese Untaten“ zuständig gewesen seien. Im Vergleich zur Millionenzahl deutscher Soldaten seien dies nur wenige Tausende gewesen.[493] In dieselbe Richtung wirkt, in etwas anderer Formulierung, die Differenzierung zwischen der „kämpfenden Truppe und Einheiten im rückwärtigen Gebiet“.[494] Hier geht es darum, den „Frontsoldaten“ zu entlasten. Ein Verfasser beschreibt, dass er „nur einmal“ gesehen habe, wie Juden unter Aufsicht der SS in Transportzüge kamen und berichtet dann, man selbst habe „nach wagem Indiz mal von Sonderaktionen im rückwärtigen Gebiet“ gehört, die mit der „Rekrutierung von Arbeitskräften“ zu tun gehabt hätten.[495] Die Verbrechen tauchen auf als räumlich und inhaltlich getrennt von dem Geschehen an der Front (dem „Ort“ der „kämpfenden Einheiten“). Sie gehören zu einem Zusammenhang, mit dem „der einfache, anständige Soldat“ nicht oder kaum in Berührung kommt und für den er keine Verantwortung trägt. Bezeichnend ist die Beschreibung eines Soldaten von der „Ostfront“, wie er den Verbrechen begegnet: *„Ich hatte Angst damals, wie meine Kameraden. Ihnen stand noch das Entsetzen in den Augen, als sie ungewollt Zeugen einer Massen-Erschießung wurden und die SS sie am liebsten gleich miterschossen hätte.“*[496]

Wie die Wehrmacht von der Waffen-SS grenzen sich deren ehemalige Angehörige wiederum von der übrigen SS ab. Es wird als „falsche Verallgemeinerung“ bezeichnet, von „der SS“ zu sprechen. Das „Auflasten der gesamten Schuld auf diese zwei Buchstaben“ würde neues Unrecht bringen.[497] Er habe bei der Waffen-SS und nur an der Ostfront gedient und bis heute „bewusst weder einen lebenden noch toten Juden“ gesehen, schreibt ein ehemaliger SS-Mann.[498] Die Waffen-SS taucht in diesen Erzählungen auf als „tapfere Elitetruppe“, als eine „Art Feuerwehr für hart umkämpfte Frontabschnitte,“[499] die von den „Kameraden“ geschätzt, „von den Feinden gefürchtet“ und bei Gefangennahme besonders hart behandelt worden wäre.[500] Die als pauschal empfundene Zuordnung zu den Tätern des Holocaust wird als schwere Un-

492 Ebenda, Nr. 3528/1.
493 Ebenda, Nr. 4872/2.
494 Ebenda, Nr. 5040/1.
495 Ebenda
496 Ebenda, Nr. 7056/7.
497 Ebenda, Nr. 168/1.
498 Ebenda
499 Ebenda, Nr. 4452//5.
500 Ebenda, Nr. 168/1.

gerechtigkeit erlebt. „*Wer sagt es unseren Kindern und Enkelkindern unseren Nachbarn und Mitmenschen, wer sagt es der Welt, daß es im zweiten Weltkrieg in Deutschland eine Elitetruppe gegeben hat die tapfer gekämpft aber mit den Greueltaten in den Kz und sonstwo nichts zu tun hatte, daß aber wohl die Menschen oder Unmenschen in diesen Greuelorten die gleichen Uniformen getragen haben als wir an der Front.*"[501]

Die eigene Kriegsteilnahme und/oder die Rolle der Wehrmacht (respektive Waffen-SS) werden in Termini eines „normalen" Soldatendaseins beschrieben. Wichtig ist die Betonung des „Kampfes für das Vaterland," [502] den die Soldaten zu leisten glaubten, und den sie als öffentlich und gesellschaftlich nicht anerkannt empfinden.[503] Es wird angeführt, dass alle Soldaten, „auch die jüdischen",[504] immer ihren Staat schützen wollten, und gefragt, ob es ein Verbrechen sei, „wenn man sein Leben einsetzt fürs Vaterland."[505]

Der deutsche Front-Soldat im Zweiten Weltkrieg war den Schilderungen nach wie „alle anderen Soldaten". Die Verfasser wollen, dass er auch so behandelt bzw. an ihn erinnert wird. Dass dies nicht geschieht, und im Gegenteil den Kriegteilnehmern (nach eigenem Empfinden) insgesamt Schuld an den Verbrechen zugeschrieben wird, belastet sie. Sie fühlen sich ungerecht behandelt bzw. nicht gewürdigt. Die Soldaten werden, bis auf Einzelfälle, in den Briefen als aus dem Kontext der Verbrechen herausgelöst dargestellt. Mit den Morden sind sie demnach nicht in Berührung gekommen. Damit wird übrigens auch implizit der Holocaust nicht als Teil des Kriegsgeschehens oder der Kriegverbrechen betrachtet. Schuld aus Beteiligung kommt daher generell kaum in Frage. Übrig bleibt ein „normaler Soldat", der ist wie „alle Soldaten". Und dementsprechend auch wie „alle" behandelt werden sollte: Mit Anerkennung für seine „Verdienste" um das „Vaterland" und nicht wie ein Verbrecher.

Kritische Briefe, in denen nicht versucht wird, Soldaten in irgendeiner Form von Schuld zu entlasten, sind Einzelfälle. Unter den Schilderungen zeitgeschichtlichen, eigenen Erlebens findet sich nur ein Brief eines ehemaligen baltischen Widerstandskämpfers, der berichtet, dass schon im Krieg viele Deutsche gewusst hätten, was mit den Juden geschah, und heute seien sie – auch

---

501 Ebenda

502 U.a. ebenda, Nr. 5292/1 und Nr. 4452//5.

503 Der „Schutz des Vaterlandes" als Begründung/Rechtfertigung tritt allgemein auf. In der Schilderung eines ehemaligen Waffen-SS Mannes kommt dazu noch die Komponente, man wäre gemeinsam mit Soldaten aus ganz Europa in der Idee vereint gewesen, Europa vor dem Kommunismus zu schützen. Ebenda, Nr. 168/1.

504 Ebenda, Nr. 5292/1.

505 Ebenda, Nr. 168/1.

die Frontsoldaten – empört, wenn man die Wahrheit sagen würde. Weil die meisten „blutige Hände“ und ein schlechtes Gewissen hätten.[506] Zwei weitere Briefe, die sich negativ äußern, richten sich im Besonderen gegen die (adelige) militärische Führung. Ein Schreiben einer weiblichen Zeitzeugin bewertet ihr Verhalten im/gegenüber dem NS als „erbärmlich“. Es sei eine korrupte Gesellschaft, „die Herren über Leben und Tod unserer Brüder, Männer und Söhne.“[507] Im zweiten Brief wird gefragt, welche Rolle die militärischen Eliten bei der Machübernahme Hitlers gespielt hätten und warum sie bei den „ersten Gräueln“ (Als Beispiel wird der „Röhm-Putsch“ genannt) nicht eingegriffen und Hitler gestoppt hätten. Der Abschnitt endet mit der Feststellung, die Wehrmachtsführung hätte große Schuld auf sich geladen.[508] Trotz der klaren Kritik fällt in beiden Schreiben auf, dass auch hier Verantwortung und Schuld auf einen kleinen Kreis beschränkt wird.

6.4.3.6. Zwischenergebnis: Welche Aussagen gibt es zur „Schuldfrage“?

Die Schuldfrage wird insgesamt heterogen behandelt. Zunehmend mit dem Alter der Verfasser steigt die Ablehnung. Während in den „Schuld anerkennenden“ Briefen auf allen Ebenen der vier Jasperschen Schuldkategorien Anerkennung erfolgt, wird in den „ambivalenten“ und noch stärker den „Schuld ablehnenden“ Briefen auf immer weniger Ebenen Schuld akzeptiert.

In der ersten Gruppe wird politische Schuld aus der Zugehörigkeit zum Deutschen Volk abgeleitet und als bleibend betrachtet, moralische Schuld wird weitgehend insgesamt den Erwachsenen im Dritten Reich zugesprochen. Metaphysische Schuld ist kein häufiges Thema, wird aber auch auf Grund des Wissens um die Verbrechen eingeräumt. Kriminelle Schuld wird den Tätern zugeschrieben und mehrfach angemerkt, dass nicht alle Tätergruppen überhaupt als solche erkannt und verfolgt würden.

Während die Verfasser der „ambivalenten Briefe“ mit der Anerkennung politischer Schuld keine oder kaum Probleme haben, fühlen sie sich auf der Ebene der moralischen Schuld angegriffen. Hier beginnen die Argumentationen, die gesamten Umstände und die Situation der Deutschen unter der Diktatur würden zu wenig berücksichtigt. Kriminelle Schuld sprechen auch sie den Tätern zu, die aber nur einen kleinen Kreis bilden. Metaphysische Schuld in Folge des Wissens um die Verbrechen wird unterschiedlich gesehen. Während einige anerkennend sind, betonen andere das Unwissen.

---

506 Ebenda, Nr. 8148/2.
507 Ebenda, Nr. 2772/1.
508 Ebenda, Nr. 5544/1.

In den „Schuld ablehnenden“ Briefen findet sich keine Anerkennung von Schuld außerhalb eines kleinen Täterkreises. In wenigen Extremfällen wird selbst diese negiert. Sowohl eine moralische (Schwerpunkt) als auch eine politische Schuld Deutschlands wird abgelehnt. Ein Schuldgefühl ist zwar vorhanden, durch die Vergleiche und Verallgemeinerungen („alle sind schuldig“) aber nicht mehr zuzuordnen. In diesem Rahmen wird auch eine metaphysische Schuld aufgelöst. Die Solidarität aller Menschen untereinander als Ausgangspunkt dieser Ebene wird hier quasi „umgedreht“ durch die Indifferenz des „alle leiden“.

Die Nichtanerkennung von Schuld stützt sich auf das auch in den „Geschichtsbildern“ der damaligen Zeit vorgefundene hermetische Modell einer Schuldabwehr. Rückschließend lässt sich folgern, dass diese spezifische Interpretation notwendig für die Schuldabwehr oder Reduzierung von Schuld ist. Ohne sie ließe sich die jeweilige Position der Verfasser nicht aufrechterhalten.

Gleichzeitig bleibt immer wieder das Gefühl einer Mitschuld sichtbar, der sich die Verfasser, vor allem die älteren, nicht gänzlich entziehen können und/oder wollen. Die Verfasser befinden sich in einer Zwickmühle: Der Schutz der eigenen Achtung nötigt sie zu einem Gewissens-Spagat. Neben dem Wissen um die Verbrechen muss die eigene und generationsmäßige Biografie geschützt werden. Oft eine unauflösliche Situation.

Ein großer Konflikt wird zwischen dem öffentlichen Geschichtsbild und dem der Verfasser sichtbar. Das Empfinden, die Verfasser, die Deutschen, ihre Toten und überhaupt die deutsche Geschichte würden falsch dargestellt und ungerecht bewertet, ist, außer in dem Drittel „Schuld anerkennender“ Briefe, deutlich sichtbar. Es gibt hier ein weitverbreitetes, teilweise dringendes bis wütendes Bedürfnis, die öffentlichen Geschichtsbilder zu korrigieren.

In dem Unterpunkt „Schuld/Rolle der Wehrmacht“ findet sich dieses Spektrum an Abgrenzung, Weitergabe und Einschränkung von Schuld, sowie die Forderung, die dazu bezügliche öffentliche Darstellung zu korrigieren, in biographisch und thematisch konzentrierter Form.

6.4.4. Lehren aus der Vergangenheit

Von den 42 Briefen, in denen Lehren aus der NS-Vergangenheit gezogen werden sind 24 von Männern, 16 von Frauen verfasst, 20 stammen von Zeitzeugen, zehn von Spätergeborenen. In der Geschlechterverteilung gibt es im Vergleich zur Gesamtstichprobe eine leichte Verschiebung, der Frauenanteil ist etwas größer. Die Altersverteilung mit zwei Dritteln Zeitzeugen zu einem Drittel Spätergeborener entspricht der Gesamtstichprobe.

Zwei thematische Komplexe werden behandelt. Es geht den Verfassern hier erstens um mehr und bessere Bildung sowie um Aufklärung (6.4.4.1. "Aufklärung und Erziehung"). Dabei wollen sie mehr Informationen über den NS allgemein (1.), mehr Informationen über die Ursachen des NS (2.), eine bessere Bildung der Jugend (3.), sie warnen vor überkommenden gesellschaftlichen Erziehungsidealen (4.) und fordern, aus der Geschichte zu lernen (5.). Die Anliegen werden als Bedingung verstanden, um eine Wiederholung der (oder ähnlicher) Ereignisse zu verhindern. Zweitens ziehen sie Schlüsse aus ihren Erfahrungen mit der NS-Geschichte (6.4.4.2."Gesellschaft, Mensch, Glaube"). Sie hat ihre Wahrnehmung von Gesellschaft und Individuen verändert. Dabei befassen sich die Verfasser mit politischen Radikalismen (1.), der „Bestie Mensch (2.) und suchen Antworten in der Religion (3.).

6.4.4.1. Aufklärung und Erziehung

(1) Mehr Information allgemein

Die Aufklärung über das Geschehen zu intensivieren, ist hier ein zentrales Anliegen. Die Verfasser fordern ganz allgemein mehr Informationen. Das Gefühl, dass wenig Wissen über den NS in der deutschen Bevölkerung insgesamt vorhanden ist, wird erkennbar nur von jüngeren Verfassern ausgedrückt, es bestünde ein „großer Nachholbedarf an umfassender Information".[509] Als Konsequenz daraus werden „offizielle Informationsstellen" gefordert, bei denen die Bürger Auskunft über den NS-Komplex bekommen können. Es wird als eine „Verpflichtung der Demokratie" gesehen, solche Einrichtungen zu schaffen.[510] Das „Unfassbare" müsste begriffen werden, um es in der Zukunft gemeinsam verhindern zu können.[511]

(2) Mehr Information über die Ursachen des NS

Bis auf eine Ausnahme sind es nur „Zeitzeugen", die besonders hervorheben, bei der Aufklärung sollten die Ursachen des NS stärker berücksichtigt werden. Nach ihrer Auffassung würden die Verbrechen im Fokus stehen, ohne den „gesamten Komplex" ausreichend zu berücksichtigen.[512] Hier steht zum einen das Ende der Weimarer Republik mit seinen politischen Unruhen und der schwierigen wirtschaftlichen und sozialen Lage im Vordergrund.[513] Zum anderen verweisen zwei Verfasser auf anthropologische bzw. metaphysische

---

[509] Ebenda, Nr. 3696/4.
[510] Ebenda, Nr. 7308/1.
[511] Ebenda, Nr. 924/1.
[512] Ebenda, Nr. 84/1.
[513] Ebenda, Nr. 1092/2.

Ursachen. Es dränge sich die Vermutung auf, dass in den „verworrenen Winkeln menschlicher Gehirne“ noch Reste des Neandertalers schlummerten, argumentiert ein Verfasser.[514] Auf metaphysischer Ebene wird im zweiten Brief rhetorisch gefragt, wer denn die „letzten Ursachen für böses Tun auf diesem Planeten kenne“, bisher seien nur die Wirkungen bekannt. Trotz der festgestellten Unwissenheit wird anschließend gefordert, die Verantwortlichen „in West, in Ost, in Nord, in Süd“ müssten alle ein „besseres Menschsein“ vorleben.[515]

(3) Die Jugend besser bilden

Die Jugend steht häufig im Zentrum erwünschter Bildungsbemühungen. Ihr wird vorgehalten, eklatante Wissenslücken zu haben, sie wisse „so gut wie nichts“.[516] Die mangelnden Geschichtskenntnisse werden als Gefahr wahrgenommen. Unaufgeklärte Menschen würden sich missbrauchen lassen.[517]

Konkret werden vor allem die Schulen aufgefordert, ihre Anstrengungen zu intensivieren. Daneben wird auch an die Universitäten appelliert sowie in einem Fall an die Kirche und „Einrichtungen des öffentlichen Rechts“ als Vermittlungsorgane.[518] Der Tonfall ist dabei oft vorwurfsvoll. Immer wieder äußern sich die Verfasser zu den Lehrinhalten der Schulen. Sie können nicht verstehen, warum aus ihrer Sicht so wenig Wissen vermittelt wurde. Ein Mann berichtet von seinen Kindern, denen weder auf der Grundschule noch auf dem Gymnasium etwas „von dieser Schande“ erzählt wurde.[519] Die Inhalte der Schulbücher sollten verbessert, zeitgeschichtliche Texte neu aufgelegt werden.[520] Teilweise scheint der Eindruck vorzuherrschen, in den Schulbüchern würde das Thema gar nicht vorkommen. Auf eine Rede des Bundespräsidenten verweisend, der vor „geschichtslosen Deutschen“ gewarnt hätte, empört sich ein Verfasser, „das alles“ seien doch Fakten, die in „jedes Schulbuch hinein gehören“.[521] Dies zusammenfassend, äußert sich ein anderer: *„Hoffentlich wachen die für die Erziehung junger Menschen Verantwortlichen endlich auf, daß sie im Elternhaus und in der Schule lehren, was Menschenwürde und Achtung vor dem*

---

[514] Ebenda, Nr. 4032/3.
[515] Ebenda, Nr. 5292/1.
[516] Ebenda, Nr. 7056/7.
[517] Ebenda, Nr. 4452/5.
[518] Ebenda, Nr. 7056/7.
[519] Ebenda, Nr. 3612/2.
[520] Ebenda, Nr. 756/5.
[521] Ebenda, Nr. 7056/7.

Leben bedeutet. Nichts in unseren Schulen und Universitäten weist auf dieses Erziehungsziel hin. Macht die Wissenschaft Halt vor dem Leben?"[522]

Auch jugendkritische Äußerungen tauchen vereinzelt auf. Während die Älteren auf den NS hereingefallen seien, „wegen der miesen wirtschaftlichen Lage", könnten sich „die Jungen" nicht herausreden angesichts der Verbrechen in den kommunistischen Ländern, wenn sie „dem modischen Linkstrend" folgten.[523] In dem anderen Brief wird gefordert, die Jugend solle erst beweisen, dass sie „es" besser machen würden, und nicht nur Kritik üben.[524]

(4) Gesellschaftliche Erziehung

In ähnliche Richtung, aber nicht nur die Jugend, sondern allgemeiner die Gesellschaft anvisierend, sind zwei Briefe.[525] Gehorsam, Disziplin und Autoritätsunterwerfung in der Erziehung werden scharf angegangen. Diejenigen, die so etwas „heute schon wieder" forderten, sollten die „schrecklichen Folgen" bedenken, zu denen „derartige Entwicklungen in der jüngsten Vergangenheit" geführt hätten.[526]

(5) Aus der Geschichte lernen

Neben den (oder im Anschluss an die) Forderungen an das Bildungssystem und dem Wunsch nach stärkerer Aufklärung verstehen die Verfasser die NS-Vergangenheit als eine Warnung, die die Wachsamkeit gegenüber vergleichbaren Entwicklungen in der Gegenwart erhöhen muss. Die Betrachtung der Vergangenheit bringt nach ihnen die Erkenntnis mit sich, zu welchen Verbrechen Menschen und Völker fähig sind.[527] Für eine friedvolle Gesellschaft ist nach ihrer Auffassung die persönliche Einstellung und der daraus folgende Umgang miteinander wichtig. Offenheit gegenüber Unrecht und Gefahren[528] und Toleranz gegenüber Andersdenkenden und Minderheiten[529] formulieren sie als Bedingungen eines gewaltlosen Miteinanders. Zur Vorbereitung einer „Massenvernichtung" gehöre nur „massenhafte Widerstandslosigkeit und Anpassung".[530] Dabei ist Unsicherheit und Angst vor dem Nichterreichen dieser Ziele vorhanden. Toleranz zu erreichen „wäre der größte Fort-

---

522 Ebenda, Nr. 8820/1.
523 Ebenda, Nr. 6552/1.
524 Ebenda, Nr. 8904/2.
525 Ebenda, Nr. 336/1 und Nr. 6132/1.
526 Ebenda, Nr. 6132/1.
527 Ebenda, Nr. 420/2.
528 Ebenda, Nr. 4200/1.
529 Ebenda, Nr. 4788/1.
530 Ebenda, Nr. 4368/1.

schritt",[531] schreibt eine Verfasserin hoffnungsvoll skeptisch. Ein älterer Mann äußert sich, er habe Angst davor, dass „wir es wieder einmal nicht schaffen" aus der Geschichte zu lernen.[532] Immer wieder wird die Wachsamkeit gegenüber ähnlichen Entwicklungen angemahnt, alle sollten aufpassen, „dass so etwas nicht wieder passiert,"[533] als Konsequenz für die Gegenwart müsse ähnliches Unrecht „erkannt und abgestellt" werden.[534] Ein Verfasser befürchtet, dass die Konzentration auf den Holocaust in Deutschland dazu führen könnte, wie „hypnotisiert" nur auf dieses Schicksal zu starren und dabei die „Einzelschicksale, Kleingruppenschicksale und Völkerschicksale" in anderen Gebieten nicht wahrzunehmen.[535]

6.4.4.2. Gesellschaft, Mensch, Glaube

(1) Politische Radikalismen

Als unmittelbare Folgerung aus der laufenden Debatte wird in zwei Briefen vor politischen Radikalismen gewarnt. Aufklärung genüge nicht, die „neuenalten braunen Kräfte" müssten mit juristischen Mitteln bekämpft werden, schreibt ein Verfasser.[536] Es sei höchste Zeit, auch den Linksradikalismus zu bekämpfen und die junge Generation „dahingehend zu beeinflussen", äußert sich der zweite Verfasser.[537]

Die geforderten Konsequenzen sind fast alle auf der Ebene von Einstellungen und Verhaltensweisen angesiedelt. Das politische System wird nur in drei kurzen Passagen erwähnt. Ein Verfasser sieht die Diktatur als verhängnisvollen Ausgangspunkt, „unser Vaterland" dürfe „nie wieder darein verfallen".[538] In einem Brief wünscht sich der Verfasser, dass Europa zu Frieden und einem „freien Vereinigten Europa" finden möge.[539] Scharfe Kontrolle der einflussreichen Positionen sei notwendig, schlussfolgert ein anderer für die Gegenwart. Die Machtkontrolle sei aber schon „ganz gut", schließt er zuversichtlich.[540]

---

531 Ebenda, Nr. 4788/1.
532 Ebenda, Nr. 7140/2.
533 Ebenda, Nr. 7308/1.
534 Ebenda, Nr. 7476/1.
535 Ebenda, Nr. 7308/1.
536 Ebenda, Nr. 7644/1.
537 Ebenda, Nr. 6552/1.
538 Ebenda, Nr. 5796/1.
539 Ebenda, Nr. 6300/1.
540 Ebenda, Nr. 1832/2.

(2) Die „Bestie Mensch"

Eine neue Erkenntnis „zu was Menschen fähig sind" wird als Folge der Beschäftigung mit dem NS oder eigener Erfahrung mit ihm beschrieben.[541] Die Verfasser sind darüber erschrocken und zugleich desillusioniert. Neben den Taten im Zentrum spielen dabei Passivität und Verdrängung im Umgang vereinzelt eine Rolle. Der „zuverlässigste Teil des Menschen" sei sein „dickes Fell," formuliert ein ehemaliger Soldat seine Ernüchterung.[542]

(3) Religion als Antwort

Religion als Antwort auf die Schrecken findet sich in einigen, wenigen Briefen. Dabei ist der Bezug schwerpunktmäßig auf die Gegenwart gerichtet. Ohne eine (stärkere) Hinwendung zu Gott sehen die Verfasser die Gefahr erneuter Verbrechen, es könnte sogar „wieder Auschwitz geben".[543] Religion wird als gefühlsbetont dem „relativierenden Intellekt" gegenübergestellt, der wiederum mitschuldig sei an einer geistigen Heimatlosigkeit und zu Unglück führe.[544] Der Glaube an Gott wird als positiver Orientierungspunkt einer glaubenslosen und deshalb kalten Welt entgegengesetzt. Aber auch der Verlust des Glaubens als Reaktion wird einmal beschrieben. Sie sei zu der Erkenntnis gekommen, dass es keinen Gott gäbe und nie gegeben habe, schreibt eine Verfasserin. Für sie gäbe es nur „den Glauben an das Gute in jedem Menschen."[545]

6.4.4.3. Zwischenergebnis: Welche Lehren werden aus der Vergangenheit gezogen?

In der Grundhaltung fast durchweg positiv stehen die Verfasser einer Aufklärung über den NS gegenüber. Die Textstellen beginnen zwar fast durchgängig kritisch, es ist aber immer eine Kritik an zuwenig Information. Die Jugend steht im Zentrum des Interesses. Auf sie (besser) einzuwirken, ist der Wunsch der Verfasser. Über das Ausmaß an Unwissen sind viele erschrocken. Bei der Forderung, die Ursachen stärker in den Fokus zu nehmen, taucht eine Verbindung zu den „Geschichtsbildern" und der „Schuldfrage" auf. Vor allem Ältere fordern, die Umstände der Machergreifung anschaulicher zu machen, damit die heutige Generation das Geschehene besser versteht. Das bedeutet

---

541 Ebenda, Nr. 1932/2.

542 Ebenda, Nr. 5712/1.

543 Ebenda, Nr. 3444/1.

544 Ebenda, Nr. 3780/2.

545 Ebenda, Nr. 1848/2.

auch, sie, „die Älteren", besser zu verstehen. Es ist hier aber ein Punkt unter vielen.

Die geschichtliche Erfahrung des NS wird als Warnung verstanden. Es gilt, aus ihr heraus ähnliche Entwicklungen zu erkennen und zu verhindern. Immer wieder ist der NS aber auch Ausgangspunkt einer tiefen persönlichen Erschütterung. Der Glaube an die Menschen, und teilweise an einen Gott als schützenden Gott, ist geschädigt oder verloren gegangen.

6.4.5. Der Umgang mit der NS-Vergangenheit

Jeder zweite Verfasser äußert sich zum Umgang mit der NS-Vergangenheit. Dabei bildet sich die Gesamtstichprobe alters- und geschlechtermäßig weitgehend ab. 34 Männer gegenüber 16 Frauen und 27 Zeitzeugen gegenüber zwölf Spätergeborenen sind von den 53 Briefen dieses Unterkapitels erkennbar.

Themen sind „klassische Felder" der Vergangenheitsproblematik seit Ende der fünfziger Jahre, wie die Verjährung von Morden oder die „Wiedergutmachung". Außerdem werden Aspekte behandelt, die nicht als einzelne Unterkapitel erfasst wurden.

Auch hier kommt es zu Überschneidungen. Teile der „Geschichtsbilder", der „Schuldfrage" und der „Lehren aus der Vergangenheit" tauchen wieder auf. Die komplexe Verknüpfung des Gesamtzusammenhanges wird daran deutlich. Als Sonderpunkt wurden zwölf Briefe mit Aussagen zur Zentralität des Holocaust in Darstellung und Wahrnehmung separat erfasst und dementsprechend auch ausgezählt.

6.4.5.1. Positiv

Es überwiegen deutlich die „positiven" Schreiben (36), die eine offensive Aufarbeitung befürworten. Mit 25 Männern gegenüber 10 Frauen und 17 Zeitzeugen gegenüber zehn Spätergeborenen gibt es eine leichte Verschiebung zugunsten von Männern und Spätergeborenen im Vergleich zur Verteilung der Gesamtstichprobe.

Die Verfasser sprechen sich aus gegen eine Verjährung von Straftaten (1.), für die Wiedergutmachung (2.), sie kritisieren den Umgang mit aus der NS-Zeit belasteten Personen in der BRD (3.) und begrüßen eine verstärkte Auseinandersetzung im öffentlichen Umgang, sowie in ihrem sozialen Umfeld (4.). Sowohl die jüngeren als auch die älteren setzen sich kritisch mit der Generation der Zeitzeugen auseinander.

(1) Verjährung

Dabei ist die Verjährung von NS-Verbrechen (Mord) ein wichtiges Thema. Zum Zeitpunkt der Ausstrahlung von „Holocaust" fand die dritte Verjährungsdebatte statt (siehe Kapitel 3 „Der Umgang mit der NS-Vergangenheit..."). Oftmals wird in emotionalen Textpassagen gegen eine Verjährung gesprochen, die dem Rechtsgefühl der Verfasser widerspricht.[546] Es wird argumentiert, die Deutschen würden ihrer Geschichte mit einer Verjährung „einen neuen Schandfleck" zufügen, denn sie würde sich ggf. gegen die, „die unsagbar schwer gelitten haben", richten. Auch wird Unverständnis geäußert, dass diese Frage im Bundestag überhaupt diskutiert wird (anstatt selbstverständlich gegen eine Verjährung zu sein). Das würde denen entgegen kommen, die die Vergangenheit ruhen lassen wollten.[547] Was man mit den Juden gemacht habe, sei zu verabscheuen und deshalb dürften „diese Morde" nicht unter die Verjährungsfrist fallen.[548] Ein jüngere Frau (*1954) beschreibt es als „unerträglich für das deutsche Volk", wenn zum Beispiel „nach Jahren jemand aus Südamerika auftaucht" und sich zu Verbrechen bekennen oder sich sogar mit ihnen brüsken würde. Deshalb würde die Verjährung zutiefst gegen ihr Rechtsempfinden verstoßen.[549] Juristische Aspekte spricht noch ein weiterer Brief an. Unspezifisch fordert der Verfasser, „die neuen-alten braunen Kräfte und Ideen" mit „juristischen Mitteln" zu bekämpfen.[550]

(2) Wiedergutmachung

Die „Wiedergutmachung" wird zweimal kurz erwähnt. Schuldgefühle könnten auch nicht durch hohe Zahlungen getilgt werden, wird gemahnt (ohne diese abzulehnen).[551] Außerdem wird zu einer besseren öffentlichen Aufklärung bezüglich der Zahlungen angeregt. Die Summe der gezahlten Gelder sollte dem finanziellen Schaden der europäischen Juden während der NS-Zeit gegenübergestellt werden. Dadurch würden der Sinn und die Bedeutung der „Wiedergutmachung" verständlicher.[552]

---

546 Zum Beispiel: „*Die Nazi-Verbrechen dürfen nicht verjähren, noch heute müssen alle Verbrechen, die sich noch herausstellen, schon verurteilt werden.*" Ebenda, Nr. 840/1.

547 Ebenda, Nr. 4536/1.

548 Ebenda, Nr. 2352/3.

549 Ebenda, Nr. 2688/1.

550 Ebenda, Nr. 7644/1.

551 Ebenda, Nr. 504/1.

552 Ebenda, Nr. 5880/1.

(3) Umgang mit Tätern und Opfern

Einige Briefe äußern sich zu personellen Kontinuitäten zwischen „Drittem Reich“ und der Bundesrepublik. Es werden Stimmen gegen die „Schreibtischtäter“ laut, die immer noch (oder wieder) in hohen Ämtern säßen, „als Richter, Staatsanwälte, Polizisten etc.“. Oder die sogar „Ministerpräsidenten, Bundeskanzler und Bundespräsident“ werden könnten. Es wird angeführt, die „ganze Diskussion“ (über die NS-Vergangenheit) sei „für die Katz“, solange nicht erörtert würde, was aus „diesen Verbrechern“ geworden sei.[553] In einem konkreten Beispiel kritisiert ein Verfasser die Nachkriegslaufbahn von Heinz Reinefahrt[554] und kündigt an, selber die „Untaten eines Vorgesetzten“ aufzudecken (ohne genauer darauf einzugehen). Er lobt die Arbeit des „Landesbeauftragten für staatsbürgerliche Bildung,“ in Schleswig-Holstein, Herrn Oberregierungsrat Dr. Hessauer, der Reinefahrt kritisiert hatte und wünscht sich sarkastisch, „die staatsbürgerliche Bildungsarbeit auch auf das schleswig-holsteinische Landeskabinett auszudehnen“. Allgemein wird in ähnlichem Tonfall „den“ Politikern vorgeworfen, „sich an damalige Ereignisse nicht erinnern zu können“.[555] Als positives Beispiel wird die späte Ehrung eines „nichtjüdischen Fabrikanten“ erwähnt, der während des Krieges in Krakau Juden rettete (er wird nicht namentlich genannt, aber die Beschreibung passt auf Oskar Schindler). Nachdem er zunächst in Deutschland vergessen gewesen sei, wird seine Anerkennung durch deutsche Politiker von der Verfasserin als Genugtuung empfunden.[556]

(4) Öffentliche Darstellung und privater Umgang

Die Verfasser begrüßen die aktuell auflebende Diskussion und nehmen sie gleichzeitig zum Anlass, auf die Kurzlebigkeit des Interesses hinzuweisen. Sie warnen vor der „geistigen und seelischen Schlafsucht mancher Zeitgenossen“, die das Bedürfnis hätten, lästige Themen rasch abzuschieben.[557] Es wird deutlich, dass die Aufarbeitung der letzten 30 Jahre als unzureichend empfunden wird, denn während es nach dem Krieg für kurze Zeit eine Anerkennung von Schuld und „Momente der Katharsis“ gegeben habe, sei „diese Einsicht“ der

---

[553] Ebenda, Nr. 8736/1.

[554] Heinz Reinefahrt (*1903; †1979) war als SS-Gruppenführer an der Niederschlagung des Warschauer Aufstandes und der Ermordung tausender Zivilisten beteiligt. Nach dem Krieg in Schleswig-Holstein ansässig, war er Bürgermeister von Westerland (1951-1964) und für den „Bund der Heimatvertriebenen und Entrechteten“ (BHE) Abgeordneter im Kieler Landtag (1958-1962).

[555] Ebenda, Nr. 6300/1.

[556] Ebenda, Nr. 756/5.

[557] Ebenda, Nr. 84/1.

Mehrheit des Volkes wieder abhanden gekommen.[558] Sowohl im öffentlichen als auch im privaten Leben wird ein „Tabu des Schweigens“ bis in die Gegenwart konstatiert.[559] Das „Gerede von der Nestbeschmutzung“ und dem „endlich vergessen“ wird als häufig auftauchend beschrieben.[560]

Es wird von der Abwehr des Themas im Freundes– und Bekanntenkreis berichtet. Auch hier wird eine Veränderung und Öffnung begrüßt. Endlich würde wieder privat gesprochen über „die wirklich noch unbewältigte Vergangenheit.“[561] Als die „Normalität“ bedrohend erscheint die NS-Vergangenheit in der Beschreibung eines Familienvaters. Er erzählt, mit seiner Frau hätte er oft über „unsere Erlebnisse und das was im III. Reich geschehen war“ gesprochen. Mit ihren Kindern hätten sie aber nur „abstrakt“ über die Geschehnisse geredet, denn er wollte, dass sie „einigermaßen normal groß werden dürfen“.[562]

Aus der Erfahrung einer langen Verdrängung heraus, sind die Verfasser skeptisch gegenüber der Wirksamkeit von Aufklärungsarbeit. Der Mensch würde sich nur das Gute merken, Geschichte würde vergessen.[563] Wütend und unverständig reagieren die Verfasser auf das Thema „Auschwitzlüge“. Man solle „allen denen das Maul stopfen, die immer noch behaupten, die Vernichtungslager seien eine Lüge“ oder die das ganze „grauenvolle Geschehen verharmlosen“, wettert eine ältere Frau.[564]

Einige Male wird speziell die ältere Generation kritisiert. Sie hätte die „nicht gerade rühmliche Vergangenheit“ weitgehend totgeschwiegen und verdrängt.[565] Dabei wird mehrheitlich jedoch differenziert zwischen den „Unverbesserlichen“ und „den Alten“ insgesamt. Es sei schlimm, dass es unter der „Generation unserer Väter und Mütter“ Menschen gebe, die aus der Vergangenheit nichts gelernt hätten.[566] Der verharmlosenden und glorifizierenden Darstellung des Dritten Reiches bei „manchen Älteren“ solle man entgegenwirken. Als plakatives Beispiel fantasiert eine Verfasserin: *„Die ehemalige BDM-Führerin, die auch nichts gewusst haben will, trägt den deutschen Dutt nicht nur auf dem Kopf, sondern auch im Hirn.“*[567]

---

558 Ebenda, Nr. 5712/1.
559 Ebenda, Nr. 4116/6.
560 Ebenda, Nr. 7308/1.
561 Ebenda, Nr. 5208/1.
562 Ebenda, Nr. 4116/6.
563 Ebenda, Nr. 2436/1 und Nr. 1932/2.
564 Ebenda, Nr. 2772/1.
565 Ebenda, Nr. 4536/1.
566 Ebenda, Nr. 4452/5.
567 Ebenda, Nr. 1512/2.

Einmal wird die Kirche, im Besonderen der Vatikan, kritisiert. Provokant fragt der Verfasser, ob man Gründe für die Nichtherausgabe von Archivmaterial über die NS-Zeit (seitens des Heiligen Stuhls) nennen könnte, weshalb keine diplomatischen Beziehungen zwischen Israel und dem Vatikan bestünden und warum es nur „spärliche und belanglose" theologische Dissertationen über das Verhältnis zwischen Kirche und Juden in der NS-Zeit gäbe.[568]

6.4.5.2. Negativ

In 17 Briefen äußern sich die Verfasser in negativer Form zum Umgang mit der NS-Vergangenheit. Während die Geschlechterverteilung (neun Männer, sechs Frauen) leicht von Gesamtstichprobe abweicht, sind elf „Zeitzeugen" gegenüber einem „Spätergeborenen" erkennbar. Gegen einen offensiven, positiven Umgang mit der Vergangenheit sprechen sich also fast ausschließlich ältere Menschen aus.

In der Verjährungsfrage (1.) fordern sie bei einer Verurteilung von Deutschen auch die strafrechtliche Verfolgung von „Tätern" der ehemaligen Kriegsgegner. Bei der Wiedergutmachung (2.) führen sie an, die Vertriebenen würden nicht berücksichtigt. In der öffentlichen Darstellung (3.) geht es um eine Korrektur der Geschichtsbilder. Hier lassen sich die Argumente wiederum direkt an die „Geschichtsbilder" und die „Schuldfrage" anschließen.

(1) Verjährung

Ähnlich wie in den negativen Aussagen zur Schuldfrage zeigt sich in den Argumentationen für eine Verjährung eine „Aufrechnungsmentalität." Wenn die Deutschen verurteilt werden, dann sollen auch die ehemaligen Kriegsgegner wegen Vertreibung und Bombenangriffen vor Gericht. Die Bundesregierung wird aufgefordert, dahingehend aktiv zu werden. Es müssten Auslieferungsanträge an die ehemaligen Feind- und Siegermächte gerichtet werden. Wer in der Regierung das nicht könne, wird aufgefordert, zurücktreten.[569] Überdruss durchzieht diese Briefe. „Sollen nur immer auch weiterhin die Schandtaten des eigenen Volkes in aller Welt angeprangert werden?" wird gefragt,[570] oder „der Begriff „Kriegsverbrecher" existiert grundsätzlich nur für die Deutschen" gejammert.[571] Die endgültige Aufhebung der Verjährung steht zudem dem „Ruhebedürfnis" vieler Verfasser entgegen. NS-Straftäter weiter zu verfolgen, verhindert in ihren Augen einen „Schlussstrich," der nach über

---

[568] Ebenda, Nr. 4620/4.

[569] Ebenda, Nr. 1596/4.

[570] Ebenda

[571] Ebenda, Nr. 4032/3.

30 Jahren endlich gezogen werden sollte.[572] Anstatt noch den letzten Mitläufer „vor den Kadi" zu ziehen, wird angeführt, sollte man der göttlichen Gerechtigkeit trauen, der letztendlich niemand entkäme.[573]

Undifferenziert und etwas abweichend argumentiert ein Verfasser, der beklagt, dass die SPD-Fraktion dafür plädiere, Mörder „schon nach 15 Jahren" die Freiheit in Aussicht zu stellen. Gleichzeitig würde sie sich aber gegen eine Verjährungsfrist bei nationalsozialistischen Verbrechen stellen.[574]

(2) Wiedergutmachung

In Fragen der materiellen Entschädigung wird die Rechnung mit den Vertriebenen aufgemacht. Das Thema ist auch hier wieder die empfundene Ungerechtigkeit. Die „bisherige, spärliche Hausratshilfe" für die Sudetendeutschen, äußert sich ein älterer Mann (*1920), sei im Gegensatz zu den Wiedergutmachungen an Juden wie „ein Tropfen auf den heißen Stein". Und für die „100 000 Toten" sei auch keine Wiedergutmachung gezahlt worden, auch solle man dies endlich öffentlich machen.[575] Eine ältere Frau beschwert sich erst über das jahrzehntelange Geschrei nach Wiedergutmachung und Verjährung und endet dann polemisch mit der Frage, ob denn die DDR auch zahlen würde.[576]

(3) Öffentliche Darstellung

Die negativen Textpassagen zur (öffentlichen) Aufklärung argumentieren in zwei Richtungen. Zum einen soll die Vergangenheit ruhen gelassen werden. Es sei unglaublich, dass sich Deutschland „immer wieder so in den Dreck ziehen lässt". [577] Die ältere Generation hätte genug „erlebt, durchgemacht und erlitten", nun sei es genug.[578] Zum anderen streiten die Verfasser für eine „andere" Aufklärung, die letztendlich auf die Forderung nach einer grundsätzlichen Korrektur des öffentlichen Geschichtsbildes hinausläuft. Dabei wäre diese Korrektur gleichzeitig eine Anpassung an das „private" Geschichtsbild dieser Verfassergruppe. Die Kollision von „privater" und „öffentlicher" Erinnerung wird hier wieder sehr deutlich. Vier Punkte werden angeführt, die anders dargestellt und/oder hervorgehoben werden sollen: (1.) Die Opfer der Deutschen: Hierbei werden sowohl die Vertriebenen, Gefalle-

---

[572] Ebenda, Nr. 5460/10.
[573] Ebenda, Nr. 4032/3.
[574] Ebenda, Nr. 1596/4.
[575] Ebenda, Nr. 6216/1.
[576] Ebenda, Nr. 5460/10.
[577] Ebenda, Nr. 3780/2.
[578] Ebenda

nen, Verwandten und Freunde, Opfer des Bombenkrieges genannt, als auch die gesamte Generation („die Generation, die unter der Diktatur zu leiden hatte“). [579] In dieser Darstellung findet sich indirekt die Trennung zwischen NS-Führungsschicht als Tätern und dem deutschen Volk. (2.) Die Verbrechen der ehemaligen Kriegsgegner: Nach Meinung der Verfasser, ist es nicht erwünscht, die Geschichte der Gräueltaten anderer Staaten“ in der Öffentlichkeit zu erzählen.[580] Gleichwohl gibt es bei ihnen ein starkes Bedürfnis, ihrer Sicht, Gehör zu verschaffen: *„Was sich die Amerikaner und Engländer geleistet haben [...] Hierüber könnte ich ein ganzes Buch schreiben. Stelle ich ihnen gern zur Verfügung.“*[581] (3.) Das Unwissen der Deutschen hinsichtlich der Verbrechen während der NS-Zeit: Man solle der Behauptung, die meisten Deutschen hätten von den Ereignissen gewusst, stärker entgegentreten, wird gefordert. Das sei man „dieser Generation, der es soviel schlechter erging als uns heute in der Bundesrepublik“ schuldig.[582] Auch hier zeigt sich bei den Verfassern das Selbstverständnis als Opfer. (4.) Die Unmöglichkeit des Widerstandes in einem Terrorregime: Die (nahezu) gleichen „Argumente“, die in der Schuldfrage zur „Entlastung durch Aufrechnung“ verwendet werden, treten hier wieder in Erscheinung. Sie sollen öffentlich gemacht und durchgesetzt werden. Auch hier geht es um Schuld und Gerechtigkeit. Dem Grundthema der gesamten Debatte.

6.4.5.3. Sonderpunkt: Der historische Holocaust im Vergangenheitsdiskurs

Obwohl der eigentliche Anlass selbst ausdrücklich den Holocaust in den Mittelpunkt rückt, finden sich wenige Briefe (zwölf), in denen explizit auf dieses Verbrechen eingegangen wird. Erkennbar sind acht Männer gegenüber vier Frauen, fünf Zeitzeugen und drei Spätergeborene.

Mehrmals wird die Auseinandersetzung als zu konzentriert auf die Verfolgung der Juden (und speziell der deutschen Juden) bewertet. Es wird eingewendet, dass über den gesamten Kontext gesprochen werden müsste und man sich, bei allem bisherigem Bemühen, nicht auf das Thema „Endlösung“ beschränken sollte.[583] Anderen verfolgten Gruppen, wie Homosexuellen, Geisteskranken und Bolschewisten, hätte der „Hass der wahnsinnigen Nazi-Bestien“ auch gegolten. Die „menschliche Katastrophe“ würde hier verengt

---

[579] Ebenda, Nr. 1176/1.
[580] Ebenda, Nr. 1008/1.
[581] Ebenda, Nr. 6636/1.
[582] Ebenda, Nr. 1176/1.
[583] Ebenda, Nr. 84/1.

werden.[584] Die Einwände korrespondieren mit der lange dominierenden Interpretation, an den „Holocaust" als ein „Verbrechen unter vielen" zu erinnern, entgegen der heute prägenden Geschichtsschreibung, den Holocaust als *das* zentrale Verbrechen des NS zu bewerten. Die Aufarbeitung an sich wird hier nicht in Frage gestellt. Die Diskussion wird aber als abweichend von der „historischen Wahrheit" empfunden. Der Prozess, der den historischen Holocaust ins Zentrum der Erinnerung rückte (u. a. mit „Holocaust") bildet sich in diesen unmittelbaren Reaktionen noch nicht ab. Umgekehrt argumentieren zwei Briefe, die den Holocaust stärker beachtet sehen möchten. Dabei besteht Einigkeit mit der ersten Argumentation („...nicht auf „Endlösung" beschränken..."), die Verbrechen aufzuarbeiten. Die inhaltliche Gewichtung differiert aber. Während die Verfolgung von Kommunisten, Sozialisten und Gewerkschaftlern benannt würde, so bedauert ein Verfasser aus eigenem Erleben, wäre in einer Diskussionsrunde der IG Metall kein Wort über die Verfolgung der jüdischen Menschen gesagt worden.[585] Die Herauslösung des Holocaust aus dem falschen Kontext der Kriegsverbrechen fordert ein anderes Schreiben. Die „KZ-Frage" sei keine Abrechung mit einem Kriegsgegner gewesen, sondern eine bis ins kleinste geplante Massenvernichtung vom Schreibtisch aus.[586]

Für eine geringe Zentralität in der Erinnerung insgesamt sprechen einige Briefe, die von mangelndem Geschichtswissen und Verdrängung bezüglich des Holocaust berichten. So beklagt z. B. ein Abteilungsleiter die Unwissenheit einer Auszubildenden, die bis „Holocaust" nach eigenem Bekunden noch nie von „solchen Dingen" [dem Holocaust, Anm. d. Verf.] gehört habe.[587] Geringe Kenntnisse über das Geschehen in den Konzentrationslagern wird in einem Brief „mit Einschränkung den Meisten" zugeschrieben.[588]

Damit korrespondierend ist die Erfahrung einer in Deutschland lebenden Schwedin. Sie fand in Deutschland nur wenige Gesprächspartner, die bereit waren, über die Verbrechen zu sprechen (wo hingegen die Flüchtlingsschicksale und Entbehrungen der Nachkriegszeit gerne thematisiert wurden).[589]

In drei Briefen taucht der Holocaust explizit auf, indem seine historische Wahrheit bestritten wird.[590] Diese extremen Briefe sind allerdings Ausnahmen im Textcorpus.

---

584 Ebenda, Nr. 5712/1.
585 Ebenda, Nr. 4116/6.
586 Ebenda, Nr. 7812/1.
587 Ebenda, Nr. 4452/5.
588 Ebenda, Nr. 6300/1.
589 Ebenda, Nr. 4788/1.
590 Ebenda, Nr. 252/1, Nr. 5124/4 und Nr. 5628/3.

6.4.5.4. Zwischenergebnis: Wie werden die NS-Vergangenheit und der Umgang mit ihr bewertet? Wie zentral ist der Holocaust dabei im Erinnerungsdiskurs?

Deutlich überwiegen die Briefe, die einen offensiven, aufklärenden Umgang befürworten. Kritisiert wird, dass die Leistungen in diese Richtung bisher nicht ausreichen, ähnlich den „Lehren aus der NS-Vergangenheit".

In der Ablehnung einer Verjährung von Mord wird die Sorge deutlich, neues Unrecht hervorzurufen, indem begangenes nicht mehr verfolgt wird. Das widerspricht dem Rechtsempfinden der meisten Verfasser. Die „Wiedergutmachung" wird als unmöglich erkannt, jedoch gleichzeitig als unbedingtes Mittel wenigstens eines Teilausgleiches verstanden. Unverständnis wird gegenüber einer Ablehnung dieser Bemühungen vorgebracht, der durch eine bessere Kommunikation der Zusammenhänge begegnet werden soll. Kritik äußert sich an der personellen Kontinuität zwischen dem „Dritten Reich" und der BRD. Der Umstand, dass viele „Schreibtischtäter" Nachkriegskarrieren machten, wird angeklagt. Dies hätte verhindert werden müssen. Kritisiert wird auch die Sprach- und Interesselosigkeit in der deutschen Gesellschaft, das „Tabu des Schweigens". Das sollte aufgebrochen werden, ausgehend von der Öffentlichkeit auch im privaten Umfeld. Allgemein wird ein Mangel an Anerkennung von Schuld beklagt, im besonderen der älteren Generation dabei mangelnde Einsicht vorgehalten.

Bei der Minderheit der negativen Briefe wird eine Aufrechnungsmentalität sichtbar. In der Grundhaltung ähnlich der „Schuldfrage" wird sie hier auf die Verjährung von Mord und die Wiedergutmachung angewendet. Wenn deutsche Verbrecher aus der NS-Zeit verurteilt würden, sollte dies auch mit den Kriegsverbrechern anderer Nationen geschehen. Hier werden wieder Kriegsverbrechen und Holocaust zusammengezogen. Wenn „Wiedergutmachung" geleistet würde, müssten auch die Vertriebenen mehr bekommen.

In der öffentlichen Darstellung geht es den „negativ" argumentierenden Verfassern um eine grundlegende Korrektur des öffentlichen Geschichtsbildes. Die Opfer der Deutschen und die Verbrechen der Kriegsgegner sollen stärker betont werden, ebenso die Unkenntnis über die Verbrechen und die Unmöglichkeit, Widerstand zu leisten.

Hinsichtlich des Sonderpunktes zum Holocaust fällt auf, dass auch bei einer positiven Grundhaltung gegenüber der Aufarbeitung des NS der Holocaust keine zentrale Rolle spielt. Die Serie „Holocaust" wird aus dieser Wahrnehmung heraus sogar als einseitige Geschichtsdarstellung empfunden. Andere Opfer würden nicht genug berücksichtigt und die Gesamtzusammenhänge nicht richtig dargestellt. Die mangelnde Wahrnehmung des Holocaust als zentralem Verbrechen (und eigenem Komplex außerhalb der Kriegsverbrechen) ist hier sichtbar nicht verbunden mit einer ablehnenden Grundhaltung. Das spricht für die Festigkeit dieses Geschichtsbildes. Und stimmt mit der Entwicklung nach 1979 überein. Erst in dieser Phase bekam der Holocaust seinen Platz als zentrales Ereignis innerhalb des NS.

6.4.6. Juden und Israel

In 22 Briefen geht es um Juden und um den Staat Israel. Acht Männer stehen zehn Frauen gegenüber, zehn Zeitzeugen vier Spätergeborenen. Es gibt anteilsmäßig deutlich mehr Frauen als in der Gesamtstichprobe.

Die Juden und das Zusammenleben zwischen ihnen und der nichtjüdischen Bevölkerung werden beschrieben. Im ersten Unterpunkt „Die Juden damals" geht es um die Situation und das Geschehen zur Zeit des „Dritten Reiches" und teilweise den Jahren davor (vereinzelt greifen Äußerungen zurück bis zum Alten Testament). Im zweiten Unterpunkt „Die Juden heute" werden die Textpassagen zum Staat Israel, Juden und jüdisches Leben nach 1945 untersucht.

6.4.6.1. „Die Juden damals"

Von den 16 Briefen sind erkennbar sechs von Männern und acht von Frauen verfasst, sowie sieben Zeitzeugen und drei Spätergeborene.

Die Ursachen des Antisemitismus allgemein (1.) sind ein wichtiges Thema. Genauer wird dazu ein Blick auf die jüdische Religion und Kultur geworfen (2.). In den Beschreibungen von Juden als Tätern (3.) findet eine Umkehrung der Rollenverteilung von Opfern und Tätern statt.

(1) Ursachen des Antisemitismus

Ein häufiges Motiv in diesem, mehrheitlich antisemitischen, Teil der Briefe ist die direkte oder implizite Frage nach den Ursachen, bzw. die Rechtfertigung des Antisemitismus, wobei solche Versuche nicht auf den Holocaust selbst ausgeweitet werden.

Dabei werden verschiedene Klischees verwendet. Ein wichtiges betrifft die Wahrnehmung der gesellschaftlichen Positionen von Juden: Zum Beispiel wird das Bild des „reichen Juden"[591] verwendet. Ihm wird zugeschrieben, in breiter Form die ökonomisch wichtigen Wirtschaftszweige wie Banken, Film, Presse und Industrie beherrscht zu haben.[592] Diese Machtkonzentration hätte dazu geführt, dass die Juden den Deutschen unheimlich geworden seien, was

---

591 Ebenda, Nr. 1596/4, Nr. 2352/3, Nr. 3864/1 und Nr. 5208/1.

592 Ebenda, Nr. 3864/1.

wiederum den Boden für die Verteufelung durch die Nazis bereitet hätte.[593] Zudem hätten Juden Nichtjuden betrogen.[594] In einem Brief wird dabei ausdrücklich der „reiche Jude" von „armen Juden" abgegrenzt und behauptet, wenn die Verfolgung der „armen Juden" bekannt gewesen wäre, hätte die Bevölkerung dagegen protestiert.[595] „Antisemitismus" wird dabei als Begriff in diesen Argumentationen nicht verwendet. Die Verfasser sprechen eher von der „Unbeliebtheit" der Juden.[596] Allgemeine Wahrnehmung und persönliche Erfahrung werden verknüpft. Beispielhaft für diese Schilderungen schreibt ein Verfasser: *„Wenn ich an die Zeit vor 1933 zurückdenke so muß ich schon sagen der Jude war beim Volk nicht beliebt, das soll nicht heißen, das man ihn ermorden sollte. z. B. meine Frau hat in einem bekannten Jüdischen Berliner Warenhaus Verkäuferin gelernt und als Verkäuferin gearbeitet. Ihre Vorgesetzten, [nicht lesbares Wort, Anm. d. Verf.], Abteilungsleiter, Einkäufer, Personaldirektoren waren überwiegend Juden. Als die Warenhäuser arisiert wurden und die Juden ihre Stellungen verloren haben ihre Untergebenen ihnen keine Träne nachgeweint. Weil sie von den Juden vorher schikaniert wurden."*[597] In einem Brief wird angeführt, der Berliner Polizeichef vor 1933 sei Jude gewesen und das Vorgehen der Polizei mit ihren „Überfallkommandos" hätte deshalb zur Unbeliebtheit der Juden beigetragen.[598] Hier findet sich eine Variante zum Bild des „reichen Juden", die in ähnliche Richtung arbeitet: Der jüdische Polizeichef ist zwar nicht reich aber mächtig, und verhält sich in seiner Position negativ gegenüber Nichtjuden.

Es gibt vereinzelt auch differenziertere Erklärungsversuche des Antisemitismus. Auch hierfür sind die „Geschichtsbilder" grundlegend. Neben der sozialen und politischen Situation der zwanziger und dreißiger Jahre mit Arbeitslosigkeit und Kriegsschulden wird die aktive Schürung des Judenhasses durch die Nazis angeführt. Erst durch ihre Parolen wären alle auf die Juden aufmerksam geworden. „Aggressiver Antisemitismus" wird in diesem Zu-

---

593 Ebenda, Nr. 5208/1.

594 Ebenda, Nr. 1596/4.

595 Ebenda, Nr. 3864/1.

596 Ebenda, Nr. 5208/1 und Nr. 2352/3.

597 Ebenda, Nr. 2352/3. Neben diesem Bild „der Juden" als ökonomisch mächtig (der „reiche Jude") wird in einer einzelnen noch schärferen antisemitischen Beschreibung vom „ewigen Juden" gesprochen: *„Der ewige Jude war schon immer hinter dem Geld her, in dem Glauben „Geld regiert die Welt"! Wenn man die Weltliteratur liest, findet man oft die Juden als Geldleiher, (Rothschild, Oppenheimer usw.) die Fürsten, Königen und Staaten Geld liehen, oft zu hohen Zinsen, damit diese ihren oft sehr aufwendigen Lebenswandel bestreiten konnten. Eine dünne Schicht von Menschen lebte oft in Saus und Braus, während die Bevölkerung aller Länder sich für das Lebensnotwendige den Rücken krumm arbeitete."* Ebenda, Nr. 5460/10.

598 Ebenda, Nr. 2352/3.

sammenhang als Ausnahme beschrieben, jedoch betont, dass „die Deutschen auch nicht wahrhaben wollten, was wirklich geschah."[599]

(2) Jüdische Religion und Kultur

Als ein zu den Nichtjuden abgrenzendes Merkmal werden die jüdische Religion und die vermeintlich daraus resultierenden oder darin begründeten „anderen" Sitten und Bräuche angeführt, wobei diese kaum genauer beschrieben werden.[600] Vielmehr wird eher nebulös z.B. von „ihrem Gesetz" gesprochen, das den Juden eine Haltung vorschreibe, die sie unbeliebt mache.[601] In ihrer Religion wird eine Ursache der mangelnden Integration (und Integrationsbereitschaft) gesehen. Sie wird z.B. als auf die übrige Umgebung herausfordernd wirkend beschrieben.[602] Und auch eine Verbindung zu dem Topos des „reichen Juden" wird (u.a.) religiös hergestellt. Der Talmud und das Gesetz des „Auge um Auge, Zahn um Zahn", so schreibt ein Verfasser, würden lehren, die Angehörigen anderer Völker zu benachteiligen und zu übervorteilen.[603] Ein weiteres, in religiösem Kontext und zur Abgrenzung verwendetes Merkmal, ist die Vorstellung von den Juden als „auserwähltem Volk". [604] Juden werden in den Beschreibungen, die die Zeit bis 1945 betreffen, insgesamt deutlich ausgeprägt nicht (nur) als Religionsgruppe, sondern als eigenes Volk (in Abgrenzung zu den Deutschen) wahrgenommen/dargestellt. In den negativen Beschreibungen wird ihnen dabei vorgehalten, trotz aller Anpassung fremd geblieben zu sein,[605] oder einen Fremdkörper in jedem Staat darzustellen.[606]

---

599 Briefe zu „Holocaust", SFB, 1979, Nr. 72/2.

600 In einen Brief wird geschrieben, wenn man sich näher mit dem „untrennbaren Zusammenhängen" zwischen Pflanze, Tier und Mensch befassen würde, brächte man kein Verständnis mehr auf für Massentierhaltungen und Schlachthöfe. Dort würde auch heute noch geschächtet, damit Juden koscheres Fleisch essen könnten. Briefe zu „Holocaust", WDR, 1979, Nr. 5460/10.

601 Ebenda, Nr. 5208/1.

602 Ebenda, Nr. 6048/1. Eine bewerkenswerte „Erklärung" findet sich noch in einem anderen Brief: *„Fragt man sich nach den Ursachen des Judenhaß, so muß man wohl zürückgehen bis in die Zeiten des Alten Testaments. Vielleicht rührt derselbe bei Ariern daher, daß mit dem Christentum eine uns artfremde Religion oktroyiert wurde, daß man sich als die Nachfahren der alten Germanen, mit dem Denken, Religion-Ausüben und Handeln, wie es in den vielen Begebenheiten der Alten Bibel vermittelt wurde, nicht identifizieren konnte?"* Ebenda, Nr. 1596/4.

603 Ebenda

604 Ebenda, Nr. 5460/10.

605 Ebenda

606 Ebenda, Nr. 6048/1.

Das umgekehrte Bild von Juden, die nicht als „fremd", sondern als Teil der deutschen Gesellschaft wahrgenommen wurden, taucht in drei Briefen auf, von denen allerdings zwei von Juden geschrieben wurden: Zum einen wird auf die sich „selbstverständlich freiwillig" im Ersten Weltkrieg gemeldeten deutschen Juden verwiesen,[607] zum anderen beschrieben, dass die Mehrheit der Juden sich nicht von den nichtjüdischen Deutschen unterschieden hätte. Jiddisch sprechende Juden, die als Karikatur verwendet Antisemitismus hervorriefen, wären die Minderheit gewesen. Die Autorin dieses Briefes verweist auch auf die Selbstwahrnehmung ihrer jüdischen Großeltern, die sich nur als Deutsche gefühlt hätten.[608] Der dritte Brief sieht einen Unterschied zwischen der integrierten jüdischen Oberschicht und den für sich lebenden gläubigen und ärmeren Juden.[609]

In einer sehr positiven Wertung betont ein Verfasser die historischen kulturellen Leistungen von Juden, z.B. der Schriftsteller Franz Kafka und Heinrich Heine. Die Judenemanzipation bewertet er als sehr wichtig für die intellektuelle Entwicklung (ohne weiteren konkreten Bezug). Marx, Freud und Einstein sieht er als „größte Weltveränderer der Neuzeit." In einem religiösen Verweis anerkennt er, dass die Juden als einziges antikes Volk ihren Eingottglauben bewahrt hätten.[610]

(3) Juden als Täter

Das Motiv der Aufrechnung von Verbrechen taucht in zwei Briefen auf, in denen Juden als Täter dargestellt werden: Im Kontext der Vertreibung von Deutschen aus den Gebieten der heutigen Tschechischen Republik wird beschrieben, dass Juden, die „mitten unter den Deutschen gelebt hätten und die man noch heute kennt" neben Tschechen bei der „Ausrottung der Deutschen" beteiligt gewesen wären.[611] Ein anderer Autor führt an, die Bombardierung deutscher Städte sei von Juden mitgeplant und (mit) durchgeführt worden und nach dem Krieg wären „Juden auch Henker gewesen" (er erzählt von der ihm durch Hörensagen bekannten Bestrafung von Wehrmachtsoldaten kurz nach Ende des Krieges, deren Schuld seiner Ansicht nach nicht geklärt war). Außerdem hätten Juden im Baltikum während des Krieges gegen die Deutschen kollaboriert.[612] Ein umgekehrtes Rollenmuster (durch Ver-

[607] Ebenda, Nr. 2268/4.
[608] Ebenda, Nr. 756/5.
[609] Briefe zu „Holocaust", SFB, 1979, Nr. 72/2.
[610] Briefe zu „Holocaust", WDR, 1979, Nr. 84/1.
[611] Ebenda, Nr. 6216/1.
[612] Ebenda, Nr. 1596/4.

gleich oder Aufrechnung) zwischen „Tätern und Opfern“ wird konstruiert. Angelegt wie in der „Schuldfrage“ wird es hier auf Juden angewendet.

6.4.6.2. „Die Juden heute“ und Israel

In dieser Gruppe ist die geschlechtspezifische Verteilung etwas ausgeglichener. Acht Männer und zehn Frauen sind erkennbar. Das Altersverhältnis ist mit zehn Zeitzeugen zu vier Spätergeborenen ähnlich der Gesamtstichprobe.

Israel selbst (1.), das Verhältnis zwischen Israel und Deutschland und den Menschen in beiden Ländern (2.) und Antisemitismus in der deutschen Gesellschaft (3.) werden thematisiert.

(1) Israel

In den gegenwartsbezogenen Textstellen ist die negative Gesamttendenz etwas schwächer ausgeprägt. Äußerungen zu Israel fallen relativ positiv aus. Direkte Ablehnung findet sich in dieser Textsammlung nicht. Gleichwohl gibt es Kritik. Israel wird vorgehalten, „sich mehr auf seine Waffen als auf seinen Gott“ zu verlassen, was eine „große Trübsal“ hervorbringen werde.[613] In einer Art verallgemeinernder Relativierung wird darauf verwiesen, dass sich Mörder überall finden würden, in Deutschland, in den arabischen Staaten und auch in Israel.[614] Dies schließt in der Argumentationsweise an die Darstellung von Juden als Täter im historischen Kontext an.

(2) Israel und Deutschland

Die Beziehungen zwischen Deutschen und Israelis werden in zwei Briefen positiv erwähnt. Dabei wird im ersten Brief beschrieben, dass „wir alle [vermutlich sind damit „alle Deutschen“ gemeint. Anm. d. Verf.] in gutem Einvernehmen mit Israel leben.“[615] Der Verfasser des zweiten Briefes berichtet, dass bei der Schuldfrage in Israel nicht den Deutschen alleine die Schuld gegeben werde,[616] was auf die Wahrnehmung eines differenzierten Umganges zwischen Israelis und Deutschen hinweist. Von großer Sorge um Israel ist ein weiterer der wenigen positiven Briefe dieses Themenbereichs geprägt. Nach einer Beschreibung der Schönheit Israels mit seiner „wieder ergrünten Wüste“, wird befürchtet, dass die Welt untätig zuschauen werde, wie Israel bis zum letzten Kind ausgerottet werden würde. Der Verfasser empfindet, dass

[613] Ebenda, Nr. 3444/1.
[614] Ebenda, Nr. 3528/1.
[615] Ebenda, Nr. 3864/1.
[616] Ebenda, Nr. 2100/1.

Israel „gemein verraten wird".[617] Vermutlich bezieht er sich auf den israelisch/arabischen Konflikt.

Eine indirekte positive Bewertung Israels lässt sich aus einem anderen Brief herauslesen: Die Rolle der Kirche im „Drittem Reich" wird darin als beschämend bezeichnet. Es wird bedauert, dass der Vatikan keine diplomatischen Beziehungen zu Israel aufgenommen hätte und unter dem Stillhalten des Vatikans der überführte Terrorist Hilarion Capucci[618] das schmutzige Morden gegen Juden wieder aufgenommen hätte.[619]

(3) Antisemitismus in der deutschen Gesellschaft

Antisemitische Äußerungen in ihrem beruflichen Umfeld beklagen zwei Briefeschreiber. Ein Verfasser berichtet von dem Sohn eines Alt-Nazis, der sich in seinem Unternehmen immer wieder negativ über Juden äußern würde mit Ausdrücken wie „hier geht es zu wie in einer Judenschule" und darauf verweise, wie richtig die Ansichten seines Vaters seien.[620] Eine Frau beschreibt wie eine Kollegin nach Anhörung alter jüdischer Platten erklärte: *„Der Jude hat sich in seiner Rasse rein erhalten."*[621] Diese Äußerung drückt zwar keine direkte Ablehnung gegenüber Juden aus, zeigt aber das Vorhandensein bestimmter Denkmuster, in denen, beabsichtigt oder unbeabsichtigt, nationalsozialistisches Ideen enthalten sind. Vor einem neu aufkommenden Nazismus warnt ein anderer Brief und beschreibt u. a. das Vorhandensein antisemitischer Stimmungen in der Bundeswehr. Diese Tendenzen müssten bekämpft werden.[622]

Auch von Hass auf Juden erfüllte Briefe finden sich. In einem extremen Beispiel streitet ein Verfasser die Ermordung von 6 Millionen Menschen ab, und wirft Simon Wiesenthal vor, in dieser Frage falsche Zahlen zu behaupten, dann folgt der Satz: *„Wieso ist Wiesenthal überhaupt in der Bundesrepublik? Und nicht [...] in Sondertransporten nach Sibirien deportiert?"*[623] Indirekter wird eine extreme Abneigung in einem anderen Brief sichtbar. Er bezieht sich auf eine Fernsehdiskussion zu „Holocaust". Der Verfasser beschreibt Marcel Reich-

---

617 Ebenda, Nr. 84/1.

618 Hilarion Capucci (*1922 Aleppo) war von 1965-1974 melkritisch-katholischer Erzbischof von Jerusalem. 1974 verhafteten ihn die israelischen Behörden wegen Waffen- und Goldschmuggels für die PLO. Nach Intervention Papst Paul VI. wurde er 1977 entlassen und konnte in den Vatikan-Staat ausreisen.

619 Ebenda, Nr. 4620/4.

620 Ebenda, Nr. 4452/5.

621 Ebenda, Nr. 756/5.

622 Ebenda, Nr. 7644/1.

623 Ebenda, Nr. 5124/4.

Ranicki als „einzigartiges Haßbündel", der „Lügen verbreitet" und beklagt, dass „solche Leute" Deutschland in den Dreck ziehen würden.[624]

6.4.6.3. Zwischenergebnis: Welche Haltung wird Juden gegenüber eingenommen?

Die Briefe, die Aussagen zu Juden oder Israel enthalten, bilden zusammengenommen einen negativen, ablehnenden Textcorpus. Diejenigen, die sich hierzu überhaupt direkt äußern, tun dies insgesamt, von ein paar Ausnahmen abgesehen, in einer abwehrenden Form. Dabei treten bestimmte Argumentationsmuster wie z.B. „der reiche Jude" häufiger auf. Auffällig ist, dass die Argumentationen häufig bei Behauptungen und Polemiken bleiben. Es fehlen oftmals genauere Gründe, Erläuterungen und/oder historische, theoretische oder räumliche Bezüge. Es bleibt bei unbegründeten Vorurteilen. Warum die Verfasser denken was sie denken, scheint ihnen selbst vielfach nicht klar zu sein.

Die ausdrücklichen und/oder geschlossen antisemitischen Texte sind, ebenso wie die positiven Briefe, in der Minderzahl. Es überwiegen „gebrochene" Briefe. Immer wieder scheinen die Verfasser versuchen zu wollen, ihren Antisemitismus oder ihre indirekte Ablehnung von Juden kaschieren zu wollen. Dabei wird manchmal nicht deutlich, ob oder in wie weit sich die Autoren ihrer eigenen negativen Klischees bewusst sind.[625] Auch das Muster, die ablehnende Haltung in Fragen zu kleiden und so sprachlich zu entschärfen oder dadurch selber als Meinungsträger vermeintlich nicht direkt in Erscheinung zu treten, findet sich immer wieder. Zum Beispiel schreibt eine Frau: *„Was macht sie so verhasst? [Die Juden, Anm. d. Verf.] Ihre Überheblichkeit ein auserwähltes Volk zu sein?"*[626]

Es entsteht der Eindruck, dass vor allem die mehrheitlich älteren Verfasser, einen ungelösten Konflikt zwischen dem öffentlichen Tabu Antisemitismus, dessen Vorhandensein auch sie verinnerlicht haben, und eigenen festsitzenden antisemitischen Vorstellungen austragen. Sie wissen, dass Äußerungen

---

[624] Ebenda, Nr. 8904/2.

[625] So fragt sich z.B. ein Verfasser nach den Gründen für den Judenhass, sucht sie dann im klassischen Bild des „reichen Juden" (der Talmud lehre das „Zahn um Zahn", Juden hätten Nichtjuden bei Geschäften übers Ohr gehauen), führt des weiteren noch die angebliche Kollaboration der Juden gegen die Baltendeutschen im Zweiten Weltkrieg an und beendet seinen Brief mit dem Wunsch: *„Hoffentlich kommt es nach diesen Sendungen nicht wieder zu einer Welle von Antisemitismus mit diesen üblen Parolen, „Die Juden sind ein Unglück", o. ä. und das in der Bundesrepublik. Es wäre nicht auszudenken."* Ebenda, Nr. 1596/4. In ähnlicher Richtung auch: Ebenda, Nr. 5208/1.

[626] Ebenda, Nr. 5460/10.

gegen Juden sanktioniert werden, aber irgendwie möchten/versuchen sie doch ihre Ansichten, warum die Juden „unbeliebt" waren, endlich loszuwerden. Und diese Ansichten sind dann voller klassischer antisemitischer Klischees. Juden werden beschrieben als reich, gierig, den anderen (Nichtjuden) übervorteilend. Ihre Religion ist fremd und passt nicht zu den Deutschen, und sie (die Juden) seien immer fremdes Volk im „Wirtsvolk" geblieben.[627] Die angebliche Diskrepanz und Unvereinbarkeit zwischen Juden und Nichtjuden (nach den Verfassern eher Juden und Deutsche) wird zurückverfolgt bis zum Alten Testament.[628] Insgesamt wird deutlich eine Trennung zwischen Juden und Nicht-Juden konstruiert. Die Juden sind das fremde, „fremdartige" Volk, das sich nicht „assimilieren" wollte. Der Antisemitismus erscheint in der Lesart der Verfasser insgesamt wie eine von den Juden durch ihre „Andersartigkeit" und ihren „Unwillen zur Anpassung" selbst verursachte Reaktion darauf.

6.4.7. Deutschland heute (1979) und die Deutschen

In 34 von 104 Briefen betrachten Verfasser die BRD explizit vor dem Hintergrund der NS-Vergangenheit. Dabei ist das Verhältnis zwischen Männern (21) und Frauen (neun) nur leicht verschoben gegenüber der Gesamtstichprobe. In der Altersverteilung ist das ähnlich. Zwölf Zeitzeugen stehen neun Spätergeborene gegenüber. Es äußern sich hier verhältnismäßig etwas mehr Männer und „jüngere" Personen als im gesamten Textcorpus.

Thematisiert werden die vermeintlichen Fortbestände des NS und/oder dessen Wiederaufleben. Vor alten und neuen Nazis (1.), NS-Gedankengut (2.) in den Köpfen der Deutschen und damit verknüpft einer „Anti-Linken-Grundstimmung" (3.) warnen die Verfasser. Im „deutschen Wesen" (4.) wird nach Ursachen des Nazismus gesucht. Zum Teil werden weite Vergleiche gezogen, was vor allem im letzten Punkt, dem Recht auf würdiges Leben (5.), deutlich wird. Die Textpassagen machen teilweise den Eindruck eher von allgemeiner Unzufriedenheit oder anderen Themen motiviert zu sein als von „Holocaust". Auch in solchen Fällen werden aber immer Bezüge zur NS-Problematik hergestellt.

(1) Alte und neue Nazis

Ein Thema sind alte und neue Nazis. Die Verfasser sind beunruhig und z.T. wütend über das Agieren dieser Gruppen. Neonazistische Aktivitäten werden

[627] Ebenda

[628] Ebenda, Nr. 1596/4.

als zunehmend und in den verschiedenen gesellschaftlichen Bereichen vorhanden wahrgenommen. Die „Hitlerwelle“ und „NS-Spielzeug“ wird dabei ebenso erwähnt, wie antisemitische Stimmungen in der Bundeswehr oder Bombenanschläge auf Sendeanstalten.[629] In einer besonders kritischen Aussage wird der Neonazismus sogar als „Zeitgeist“ empfunden.[630]

Mehrere Briefe bringen Unverständnis zum Ausdruck, wie auf diese Entwicklung öffentlich reagiert, bzw. nicht reagiert wird. Sie fragen sich, was es damit auf sich hat.[631] So kann ein Verfasser nicht verstehen, dass in Deutschland überhaupt NPD-Veranstaltungen abgehalten werden dürfen.[632] In deutlicherer Form wird eine „Verharmlosung von Neonazis“ als „durchweg zu beobachten“ beschrieben und den Medien unterstellt, dass sie diese durch die (behauptete) Nichtthematisierung unterstützen würden[633] (was in diesem Zusammenhang - „Holocaust“ als Schreibanlass – erstaunt). Allerdings sind auch Aufrufe zu finden, sich nicht durch „alte und neue Nazis“ hindern zu lassen, „Programme dieser Art“ (gemeint ist „Holocaust“) auszustrahlen[634], die gerade wegen der Neonazis als mediale Auseinandersetzung für wichtig gehalten werden.[635] Außer in der NPD, die die Verfasser sowohl im Zusammenhang mit neuen wie alten Nazis erwähnen, wird konstatiert, dass sich „alte Nazis erfahrungsgemäß überwiegend in der CSU und CDU“ gruppiert hätten.[636]

Dem „geringen Rechtsradikalismus“ solle man rechtzeitig begegnen, stellt ein Brief fest, der, dem Tenor widersprechend, aber eine größere Gefahr im „Linksdrall bei vielen Professoren, Pädagogen und auch progressiven Theologen“ sieht. Dem gelte es entgegenzutreten, um „die Verführung der jüngeren Generation“ aufzuhalten.[637]

Die befürchtete bevorstehende Wahl „eines Mannes“, dessen Mitgliedschaft in der NSDAP sich bruchlos zusammenfügen würde mit seiner Mitverantwortung für die „antidemokratische Entwicklung der letzten 20 Jahre“ (vermutlich ist Franz Josef Strauß gemeint) wird auch in diesen Zusammenhang gestellt.[638] Das Demokratieverständnis der Deutschen wird als „misera-

---

629 Ebenda, Nr. 7644/1. Vermutlich sind Anschläge im Zusammenhang mit der Ausstrahlung von „Holocaust“ gemeint.
630 Ebenda, Nr. 588/2.
631 Ebenda, Nr. 7056/7.
632 Ebenda, Nr. 3612/2.
633 Ebenda, Nr. 588/2.
634 Ebenda, Nr. 3948/1.
635 Ebenda, Nr. 7224/1.
636 Ebenda, Nr. 4284/5, sowie auch Nr. 840/1.
637 Ebenda, Nr. 6552/1.
638 Ebenda, Nr. 7140/2.

bel" abgetan[639] und die Menschenrechtssituation als schlecht bewertet.[640] Auch das wird, vor dem Hintergrund der Entstehung des NS, als Warnzeichen für eine sich in die falsche Richtung entwickelnde Gesellschaft gesehen.[641]

(2) NS-Gedankengut

Neben der Kritik am Auftreten von Nazis, wird besorgt festgestellt, dass auch sonst nationalsozialistisches Gedankengut in Deutschland weiterbesteht. Als ein Träger davon werden wiederum „die zwei christlichen Parteien" angeführt, in denen „50% noch Nazi-angehaucht" seien, und die Ideen, an denen das Deutsche Volk gestorben wäre als „Leichengift weiterbestünden."[642] Neben den konservativen Parteien seien auch die „Köpfe der Normalbürger" unterschwellig gefüllt mit Vorstellungen „wie Untermensch, lebensunwertem Leben oder Homosexuellen, die nichts zur Erhaltung der Art beitragen."[643] Wenn am Arbeitsplatz über Terroristen, Kommunisten, die Todesstrafe und Gastarbeiter diskutiert würde, kämen diese „Reizworte" zur Sprache.[644] Und auch heute noch würden „Neger und Andershäutige" von vielen für „Menschen zweiter Klasse" gehalten.[645] In einem Beispiel wird erzählt, wie bei einer Betriebsversammlung ein Gespräch über die Verbrechen der Nazis, „mit einem Tritt ans Schienbein" beantwortet wurde.[646]

(3) „Antilinke"-Grundstimmung

Immer wieder Anlass, das politische Geschehen und System in Deutschland negativ zu beurteilen, ist eine als ungerecht und/oder übertrieben empfundene Ablehnung von Sozialismus und Kommunismus. Sie erinnert die Verfasser teilweise in ihrer Art an den NS. Eine „antilinke" Stimmung bis hin zu einem „von oben verordneten und prämierten Antikommunismus"[647] oder einer „Hetzpropaganda gegen den Sozialismus, die fast mit der Verteufelung bestimmter Gruppen im 3. Reich" vergleichbar sei,[648] wird festgestellt. Dies sei

---

[639] Ebenda, Nr. 1932/2.
[640] Ebenda, Nr. 3360/1.
[641] Ebenda, Nr. 7140/2.
[642] Ebenda, Nr. 840/1.
[643] Ebenda, Nr. 4452/5.
[644] Ebenda, Nr. 5712/1.
[645] Ebenda, Nr. 1848/2.
[646] Ebenda, Nr. 4452/5.
[647] Ebenda, Nr. 7140/2.
[648] Ebenda, Nr. 4452/5.

ein zuverlässiger Vorbote aller Faschismen. Die Wiederbelebung der „elenden Tradition der Berufsverbote" ein „unübersehbares Warnzeichen" dafür.[649]

Auch die Diffamierung kritischer Stimmen als kommunistisch wird beklagt. Wer heute gegen etwas sei, würde kurzerhand als Kommunist bezeichnet.[650] Faschistische Tendenzen werden auch an der vermeintlich „immer größer werdenden Überwachung" festgemacht.[651] In diesen Punkten zeigt sich die Funktionsweise des NS als Negativfolie sehr deutlich. Das heutige Geschehen in Deutschland wird am NS gemessen.

(4) Das „deutsche Wesen"

Es wird versucht, die Gründe für den Holocaust in einer Art „deutschem Wesen" oder einem „deutschen Charakter" zu finden. Dabei scheint der spießige Kleinbürger am ehesten als Prototyp empfunden zu werden, der, auf „kleine Vorteile und Bequemlichkeiten" bedacht, wegschaue und „Böses geschehen lässt oder dabei sogar mitmacht."[652] Während ihm alles Fremde unheimlich sei und eine Bedrohung seines seelischen Gleichgewichtes darstelle, bedeute das Abendleuten für „den Bürger des Biedermeier Ruhe, Sicherheit, Ordnung der Welt."[653] Gäbe man ihm eine Uniform, ein „Pöstchen" und einen Titel „sagt er nur noch: Zu Befehl".[654] Perfektionismus und Gefühlskälte, auch gerade in Bezug auf die eigenen Tätigkeiten und deren Folgen, werden als weitere gefährliche Faktoren gesehen.[655]

Die Charaktere „Heinz Müller" und „Erik Dorf" aus „Holocaust" („ein Volk von „Müllers",[656] dem KZ-Wächter aus „Holocaust") werden als Beispiele für „typische" Deutsche genannt und angeführt, heute seien „noch viel mehr Menschen so wie Dorf."[657] In der extremsten Form äußert sich ein Mittdreißiger: *„Juden ermorden und Maschinenbauen, das können´s die Deutschen!"*[658]

Ein positives Gegenbild findet sich in einem Brief. Das deutsche Volk sei nicht der „Säbelrassler" für den man es immer halte. An den Konflikten der letzten 30 Jahre „tragen wir keine Schuld", das gäbe Selbstvertrauen.[659]

---

649 Ebenda, Nr. 7140/2 und Nr. 4284/5.
650 Ebenda, Nr. 3360/1.
651 Ebenda, Nr. 7140/2.
652 Ebenda, Nr. 4200/1.
653 Ebenda, Nr. 4284/5.
654 Ebenda, Nr. 3360/1.
655 Ebenda und Nr. 6888/1.
656 Ebenda, Nr. 4200/1.
657 Ebenda, Nr. 6888/1.
658 Ebenda, Nr. 4284/5.
659 Ebenda, Nr. 7728/1.

(5) Recht auf würdiges Leben

Als Beleg für den Fortbestand der nationalsozialistischen Ideologie wird die Abtreibungsgesetzgebung genannt. So schreibt ein Mann, er könne nicht verstehen, dass es in Deutschland gesetzlich möglich sei, Morde an Kindern zu begehen, die noch nicht geboren seien und sich nicht wehren könnten.[660] Dabei verwendet er den selben Tonfall (und bildet dadurch einen Zusammenhang), in dem er sich kurz vorher über die NPD-Versammlungen aufgeregt und gegen die Verjährung der NS-Verbrechen ausgesprochen hatte.[661] In einem anderen Fall wird mit dem „Recht auf Leben" argumentiert, das in „unserer Zeit nicht voll garantiert" und auch für „behindertes Leben" gelten sollte, eine soziale Notlage würde keine „Vernichtung von Leben" rechtfertigen.[662]

Medizinische Fehler und Praktiken werden noch in zwei anderen Fällen angeklagt. Ein Brief fordert, die Verantwortlichen des Contergan-Skandals zu bestrafen, denn auch dies sei „ein Verbrechen gegen die Menschlichkeit".[663] Sehr persönlich ist der umfassende Erlebnisbericht eines ehemaligen Psychiatriepatienten, der von seiner Behandlung in einer Klinik ausgehend, die staatlich-psychiatrischen Sonderanstalten Haar bei München als „Konzentrationslager, Prägung BRD" beschreibt. In ihnen würde gefoltert, geprügelt und gewürgt werden „bis zur Bewusstlosigkeit".[664] Die hier empfundene Verfügbarkeit der Mediziner über andere Menschen erzeugt bei den Verfassern starke Assoziationen mit dem nationalsozialistischen Missbrauch der medizinischen Ethik. Die Praktiken werden als ungerecht empfunden, weil sie Menschen betreffen, die sich nicht wehren können (weil ungeboren), unschuldig geschädigt wurden (Contergan-Opfer) oder der Willkür von Ärzten ausgesetzt sind (Psychiatrie-Patient).

Neben Willkürbehandlungen von Menschen wird auch der Umgang mit Tieren als an den NS erinnerndes Beispiel für Inhumanität angeführt. Die Fleischerzeugung „spottet jeder Humanität" schreibt eine Frau, die von dem gewonnenen Rechtsstreit über den Begriff „KZ-Hühner" berichtet.[665] Eine andere argumentiert, dass „diese bestialische Neugier der Menschen," die heute

---

[660] Ebenda, Nr. 3612/2.

[661] Ebenda

[662] Ebenda, Nr. 7476/1. Siehe auch Nr. 5460/10.

[663] Ebenda, Nr. 1008/1

[664] Ebenda, Nr. 4284/5.

[665] Ebenda, Nr. 4200/1.

Millionen Tiere in Labors sezierten, auch vor „Menschen und Gaskammern keinen Halt machen würde.“[666]

6.4.7.1. Zwischenergebnis: Was an der Gegenwart (1979) erinnert an den NS?

Wenn Deutschland und die Deutschen beschrieben werden, geschieht das fast ausschließlich in negativer, oft in sehr negativer Weise. Zusammengehalten wird die Kritik durch eine allgemeine Unzufriedenheit mit dem Zustand bzw. einer Ablehnung der deutschen Gesellschaft, in der, nach den Beschreibungen, Spuren des Nationalsozialismus allenthalben zu finden sind, ebenso wie in „dem Deutschen an sich“. Der NS mit seinen falschen Ideen ist nach diesen Einschätzungen in keinster Weise überwunden. Er verbirgt sich vielmehr in vielen Formen des öffentlichen, politischen und alltäglichen Lebens. Und er droht wieder aufzuerstehen. Davor fürchten sich die Verfasser. Sehr aufmerksam nehmen sie die Aktivitäten von Neo-Nazis wahr. Zudem empfinden sie auch die großen christlichen Volkparteien als durchsetzt von nazistischen Vorstellungen. Als Folge unbewältigter Vergangenheit sei die Gegenwart gefährdet. Im Sinne eines „wehret den Anfängen“ empört die Verfasser dabei das zögerliche Reagieren in der Öffentlichkeit. Ein instrumentalisierter Antikommunismus bzw. Antisozialismus passt in dieses Gesamtgefüge. Ereignisse wie die Berufsverbote bestätigen das. Die deutschen „Normalbürger“ fügen sich nach den Beschreibungen gut in diese Strömungen herein. Auch wenn nicht jeder ein Nazi sei, sei in ihnen das Mitläufertum, das Gehorchen und Anpassen quasi im „Charakter“ verankert. Unentdeckt im Alltag werden Abtreibungen, der Umgang mit Kranken und auch Tieren als Beispiele einer inhumanen Gesellschaft angeführt, die das Leben, ähnlich den Nationalsozialisten, nicht achtet. Der NS ist hier die oft erwähnte Negativfolie, vor der die Gegenwart geprüft wird, und in diesen Punkten nicht zu ihren Gunsten.

---

[666] Ebenda, Nr. 5460/10.

7. Ergebnis

Als „Holocaust“ 1979 über die Fernsehschirme lief, war die Republik erschüttert. Es begann eine Auseinandersetzung mit dem Thema Judenvernichtung, wie es sie bis dahin nicht gegeben hatte. In einer völlig unerwarteten Fülle kam es zu Reaktionen. Menschen, die bisher an den wenigen vergangenheitspolitischen Debatten kaum oder gar nicht beteiligt waren, äußerten sich jetzt zum ersten Mal. Zeitzeugen beendeten nach Jahrzehnten ihr Schweigen, erleichtert, sich endlich Luft verschaffen zu können. Verdrängte Erlebnisse wurden an die Oberfläche gespült. Ein Fluss von Erinnerungen brach sich bahn. Aber: Es wurde auch sichtbar, dass viele der bisherigen Aufklärungsbemühungen nicht über einen kleinen Kreis akademischer Eliten hinausgekommen waren. Die in vielen gesellschaftlichen Bereichen vorherrschende Sprachlosigkeit und das (auch damit verbundene) Unwissen über die historischen Ereignisse wurden überdeutlich. Die breite Bevölkerung hatte die NS-Diskurse der Jahrzehnte nach 1945 nicht, nur begrenzt oder in Teilaspekten aufgenommen.

Wie niemals zuvor spiegeln sich die Folgen davon in den Zuschauerreaktionen nach der Ausstrahlung von „Holocaust“: Geschönte Erinnerungen; die nicht bewältigte Schuld; um die eigene Würde bemühte, widersprüchlich konstruierte Biografien und der schwierige Umgang zwischen Opfern und Täter verweisen auf die Problematik einer zu lange beschwiegenen Vergangenheit. Bedingt durch die Nicht- oder nur Teilthematisierung blieben viele tieferliegende, überkommende Einstellungen erhalten Dies gilt im Besonderen für die älteren Verfasser. Aber auch darüber hinaus offenbaren sich die Grenzen der vergangenheitspolitischen Kontroversen. Wertediskussionen entfalten ihre Wirksamkeit nur dort, wo sie aufgenommen werden. Mit der eingeschränkten, mal größeren, mal kleineren Reichweite der NS-Debatten blieben auch die jeweiligen Diskursstände mit ihren politischen und moralischen Implikationen auf die beteiligten Gruppen reduziert. Davon beeinflusst sind die Briefe durchzogen von argumentativen und interpretatorischen Brüchen.

In ihnen zeigen sich zwei unterschiedliche, verschiedene Zeitebenen betreffende Umgänge mit der Vergangenheitsproblematik. Die Thematisierung des NS wird insgesamt (es gibt eine, teilweise heftig, ablehnend eingestellte Minderheit) begrüßt und eine Intensivierung gewünscht. Der bisherige Umgang mit ihm wird als unzureichend bewertet, die Wiedergutmachung und Verfolgung von NS-Straftätern insgesamt befürwortet. Die NS-Vergangenheit wird als Warnung verstanden, das Wissen über die Vorgänge als Voraussetzung, um ähnliche Entwicklungen in der Gegenwart zu erkennen und zu bekämpfen. Ideelle und personelle Fortbestände des NS (Neonazismus, „braunes Gedankengut" etc.) in der BRD bereiten den Verfassern Sorgen. Aber auch vor alltäglicher Unmenschlichkeit und Gewalt gegenüber Schwächeren warnen sie. Der NS ist hier die Negativfolie, vor dem die Gegenwart bewertet wird.

Während damit in den gegenwarts- und handlungsorientierten Abschnitten („Lehren aus der Vergangenheit", „Der Umgang mit der NS-Vergangenheit") insgesamt die NS-Vergangenheit als handlungsleitendes Erkenntnisreservoir verstanden und genutzt wird, zeigt sich in den vergangenheits- und deutungsorientierten Punkten („Geschichtsbilder", „Schuld") eine stark gebrochene Einstellung. Viele der älteren Verfasser finden keinen Weg, die NS-Vergangenheit einzufügen in ihre eigene Biografie und diese wiederum in die Geschichtsdiskurse der Bundesrepublik Deutschland. Die persönlichen Geschichten und der NS lassen sich nicht in Einklang bringen, ohne die Würde oder Selbstachtung der Verfasser anzugreifen. Ein großer Teil der zur Kriegsgeneration gehörenden Verfasserschaft fühlt sich dadurch nicht repräsentiert in der öffentlichen Darstellung. Vor allem die Opfer/Täter-Zuschreibungen und die Schuldfrage machen ihnen zu schaffen. Aus ihrer Sicht werden die Leiden der Opfer auf Kosten ihrer eigenen Leiderfahrung ebenso übermäßig betont, wie die Täterschaft der Deutschen. Diese Darstellung entspricht nicht ihrer Erinnerung. In der Schuldfrage reicht das gleichmäßig verteilte Meinungsspektrum von umfassender Anerkennung bis wütender Ablehnung. Unabhängig von der Grundeinstellung kann kaum ein älterer Verfasser dabei seinen Schuldgefühlen entgehen. Das Schuld entstanden und nicht aus dem Bewusstsein zu tilgen ist, wird überdeutlich. Diese Schuld ist ein immenses, zentrales Problem, auf das in den negativen Schreiben mit Aufrechnungen reagiert wird: Die Verbrechen des NS werden mit den Verbrechen anderer Staaten verglichen, das Leid der NS-Opfer mit dem Leid der Deutschen. Teilweise sind diese Vergleiche so umfassend, dass sie, in der Konsequenz, auf ein „alle sind schuldig" hinauslaufen. Durch die immanente Indifferenz wird damit eine weitere Auseinandersetzung untergraben bzw. versucht sie zu untergraben.

In diesen von einer „Aufrechnungsmentalität" geprägten Entlastungsversuchen werden viele Brüche sichtbar. Sie lassen auf eine mühevolle und nicht wirksame Erinnerungskonstruktion schließen, in der die Deutung der NS-Vergangenheit, dem Druck, die eigene Biografie zu schützen, unterworfen wird. Die Widersprüche sind dabei teilweise so groß, dass immer wieder Unmögliches versucht wird: Schuldabwehr bei gleichzeitigen Schuldbekenntnissen wird formuliert, Unwissen über die Verbrechen behauptet und gleichzeitig Wissen bekannt. Entweder die eigene Biografie oder die deutsche Geschichte müssten umdefiniert werden, um einen Einklang zwischen dem eigenen Leben und der öffentlich dominanten Interpretation der NS-Zeit herzustellen. Viele der älteren Verfasser sind in Folge dessen in einer unauflöslichen Spannung zwischen privater und öffentlicher Geschichte gefangen. Sie fühlen sich ungerecht bewertet von „der Geschichte“, akzeptieren die öffentliche Lesart der NS-Zeit nicht und sind gewissermaßen von ihr abgekoppelt. In dieser historischen Perspektive gibt es keine Identifikation zwischen vielen älteren Verfassern und dem Deutschland der späten siebziger Jahre.

Mit der Schuldzuschreibung auf einen kleinen Täterkreis und der daraus ermöglichten Rolle der Deutschen als Opfer, sind die Argumentationsgrundlagen dabei die dominanten Vergangenheitsinterpretationen der fünfziger Jahre. Die mehrheitlich älteren Verfasser sind geprägt von einer Politischen Kultur (oder bedienen sich dieser), die die Kriegsgeneration in den Aufbaujahren nach 1945 schonte. Sie sind gewissermaßen „hängen geblieben“ in den fünfziger Jahren (bzw. verweilen dort aus Selbstschutz). Die damals vertretenen Positionen/Erklärungsmuster wirken fort, während die Diskurse der sechziger und siebziger Jahre diese älteren Verfasser nicht erreicht haben oder ausgeblendet werden. Weil diese Interpretationen zum Zeitpunkt der Ausstrahlung von „Holocaust“ aber längst nicht mehr dem öffentlichen Geschichtsbild entsprechen, treffen öffentliche und private Geschichtsbilder aufeinander. In der dadurch entzündeten Auseinandersetzung werden die nach außen vorhandenen Differenzen der Verfasser zur Öffentlichkeit ebenso sichtbar, wie ihre inneren Widersprüche. An dieser Stelle zeigt sich der Konflikt zwischen der geschichtlichen Primärerfahrung (der älteren Verfasser) und dem sich in Veränderung befindenden öffentlichem Gedenken (angestoßen und sichtbar geworden im Medienereignis „Holocaust“). Bei der Minderzahl von extrem negativen Briefen führt das zu wütenden Forderungen nach einer Korrektur der öffentlichen Geschichtsbilder.

In einer konzentrierten, fast ungebrochenen Form ablehnend sind die Textpassagen über Juden. Damit hebt sich dieser Unterpunkt besonders negativ von den anderen ab. Die dort sichtbaren Denkmuster greifen weit zurück, die verwendeten antisemitischen Klischees sind zeitlos. In den Beschreibungen wird eine deutliche Differenz zwischen „Juden“ und „Deutschen“ konstruiert. Wahrnehmungen von Juden als integrierter Teil der deutschen Gesellschaft sind äußert selten. Antisemitische Einstellungen werden mit althergebrachten Klischees (z.B. „der reiche Jude“) begründet. Auffällig ist dabei, wie bemüht die Verfasser sind, ihren Antisemitismus zu rechtfertigen und/oder zu kaschieren. Die öffentliche Sanktionierung dahingehender Äußerungen ist ihnen deutlich bewusst.

Dieser Unterpunkt ist jedoch eine Ausnahme in dem insgesamt heterogenen, mit einer positiven Tendenz gegenüber einem offensiven Umgang mit der NS-Vergangenheit eingestellten Textcorpus. Die Gruppe von Verfassern, die sich revisionistisch oder antisemitisch äußern, einen „Schlussstrich" fordern etc., ist eine deutlich wahrnehmbare, nicht zu unterschätzende Minderheit; Aber sie ist eine Minderheit. Der NS wird insgesamt negativ beschrieben. Es gibt keine Glorifizierungen. Als positiv wird sehr vereinzelt nur die Verringerung der Arbeitslosenzahlen nach 1933 genannt. Auch das ist jedoch eine klare Ausnahme, die nicht für die Briefe in ihrer Gesamtheit stehen kann. In dieser Grundhaltung stimmt der öffentliche Tenor mit den Verfassern überein.

Die Ausgangsthese, dass die durch das Medienereignis „Holocaust" bewirkte Veränderung in den Briefen sichtbar wird, lässt sich nur teilweise bestätigen. Die Erschütterung vieler Verfasser wird deutlich, das Aufbrechen eines Vakuums unerzählter Geschichten ebenso wie der Wissensschub und die in Gang gesetzte, verstärkte Auseinandersetzung. Insgesamt sind die Briefe jedoch ein Abbild der vorhandenen Einstellungen, in denen eher Rückstände überholter Politischer Kulturen sichtbar werden, als dass sich die zukünftigen Veränderungen der Erinnerungsdiskurse der achtziger Jahre abzeichnen würden. Die Briefe spiegeln in diesem Sinne vielmehr den Zeitpunkt, an dem verschiedene (wie gezeigt, oftmals generationsbedingte) Geschichtsinterpretationen und Umgänge mit der NS-Vergangenheit aufeinandertreffen und „in einen Dialog treten" - und damit einen Anfangsmoment einer kommenden Veränderung.

Der Abbildcharakter wird besonders deutlich bei der Frage nach der Zentralität des Holocaust in der Erinnerung. Da das Medienereignis „Holocaust" in dieser Hinsicht als ein Wendepunkt gilt, war die Frage nach der Wahrnehmung der Ermordung der europäischen Juden ein spezielles Forschungsinteresse. Aber: Der Holocaust hat in den Briefen nicht den singulären Stellenwert der folgenden Jahrzehnte, es ist eingefügt in andere Kontexte, vor allem dem Kriegsgeschehen. Auch dies entspricht der dominanten Wahrnehmung der fünfziger Jahre. Sowohl hier als auch hinsichtlich des gesamten Forschungsansatzes wäre es interessant, in einer vergleichenden zweiten Studie mögliche Veränderungen zu untersuchen. Anbieten würde sich dabei das Postaufkommen zur Zweitausstrahlung 1982. Die Sender erhielten wieder eine große Anzahl von Zuschauerbriefen, die mit dem in dieser Studie verwendeten Ansatz einer qualitativen Analyse erschlossen werden könnten.

8. Anhang

8.1. Code

A1 = Der Film/Das Medienereignis „Holocaust“
1= zustimmend 2= ambivalent 3= ablehnend 4= nicht erkennbar

A2 = Geschichtsbilder („...wie es wirklich war...“)
1= vorhanden

A3 = Schuld
1= Schuld anerkennend 2= ambivalent 3= Schuld ablehnend

A4 = Schuld/Rolle der Wehrmacht
1= Schuld anerkennend 2= ambivalent 3= Schuld ablehnend

A5 = Lernen aus der Vergangenheit/Lehren für die Gegenwart
1= vorhanden

A6 = Der Umgang mit dem NS
1= positive Grundeinstellung 2= negative Grundeinstellung

A7 = Der (historische) Holocaust in der Erinnerung
1= vorhanden

A8 = „Die Juden damals“
1= positiv 2= ambivalent 3= negativ 4= nicht erkennbar

A9 = „Die Juden heute“ und Israel
1= positiv 2= ambivalent 3= negativ 4= nicht erkennbar

A10 = Deutschland heute und die Deutschen.
1= vorhanden

A11 = Geschlecht
1= männlich 2= weiblich 3= gemeinsam verfasster Brief

A12 = Alter
1= „Zeitzeuge“ 2= „Spätergeborener“

8.2. Tabelle

Brief-Nr.	A1	A2	A3	A4	A5	A6	A7	A8	A9	A10	A11	A12
84					1	1	1	1	1		2	
168	3		2	3		2					1	1
252	3	1	3				1				1	2
336	2				1						1	
420	3	1	3		1					1	1	
504	1	1	1		1	1					2	
588	1	1	1			1				1	1	2
672												
756	1	1	1		1	1		4	4		2	2
840	1	1	1			1				1	1	1
924	2		3		1						1	
1008			3			2				1	1	
1092		1	2		1						2	1
1176		1	3			2		2			2	
1260	3		3			2						
1344	1		1				1				2	2
1428												
1512	1	1	1		1	1				1	2	2
1596	3	1	3			2		3			1	
1680	1					1					1	1
1764	1											
1848	1	1	2		1	2				1	2	2
1932	1	1	2		1	1				1	1	2
2016												
2100		1	2						4		2	
2184	2	1				1					1	1
2268		1						4		1	2	1
2352		1	2			1		3			1	1
2436	2					1					1	
2520		1	2	2		1					1	1
2604	1	1	2			2					2	1
2688	1					1					2	2
2772	1	1	1	1		1					2	1
2856		1			1						1	1
2940	2	1									1	

3024	3		3									2
3108	2										3	
3192	3								3		1	
3276												
3360	1	1	2		1	1				1	2	1
3444	1	1	2		1				4		2	1
3528	1	1	2	3		2			4	1	1	1
3612	1	1	1		1	1				1	1	2
3696	2	1	1		1	2		4			1	2
3780	2	1	2		1	2				1	2	1
3864	3	1				2		3	4		2	1
3948	1									1		
4032		1	3		1	2					1	1
4116	1	1				1	1				1	2
4200	2				1					1	2	
4284		1	1			1				1	1	
4368					1					1	1	2
4452	1	1	2	2	1	1	1	4	4	1	1	2
4536	2	1	2		1	1					1	1
4620	1	1	1			1			4	1	1	2
4704	3		3								1	
4788	1	1	1		1	1	1				2	1
4872	3	1	3	3							1	1
4956	1	1	2		1						2	1
5040				3							1	1
5124	3	1	3				1	3	3	1	1	
5208	1	1	2			1		3	3		2	
5292	2	1	3	3	1	2					1	1
5376	2										2	
5460	4	1	3		1	2		3	3	1	2	1
5544	1		1	1	1						1	
5628	3					2	1				1	
5712	2	1	1		1	1	1			1	1	1
5796	2	1	2		1						1	1
5880	4					1					1	
5964		1									1	
6048		1	2					2				
6132	2	1			1						1	

6216			3			2		3	4		1	1
6300	2	1	1		1	1	1				1	1
6384	4										1	
6468	1	1	1								2	2
6552	1	1	2		1					1	1	1
6636	3	1	2			2	1				1	1
6720	3	1	3									
6804		1									2	
6888	2		1		1					1	1	2
6972		1				1					1	
7056		1		1	1	1				1	1	1
7140	1	1			1	1				1	1	1
7224	1									1	1	
7308			1		1	1					1	2
7392	1										1	
7476	1				1					1	2	
7560		1	1								2	1
7644	1				1	1				1	1	
7728	1					2				1	1	
7812			1		1		1				2	1
7896		1			1						1	
7980			3									
8064	1	1	1			1					1	1
8148	1	1	1	1							1	1
8232			3								1	1
8316	2										2	
8400	2		3									2
8484										1		
8568	3	1	3			1				1		
8652												
8736	2					1				1	1	1
8820	1	1	3		1				4	1		1
8904	3		3	3	1	2		4	3	1		1
72 (SFB)	1	1			1			2			2	1

9. Bibliographie

9.1. Quellenverzeichnis

Briefe zu „Holocaust“, Briefe an den WDR, 1979, ZfA, TU Berlin:

Nr. 84/1, Nr. 168/1, Nr. 252/1, Nr. 336/1, Nr. 420/2, Nr. 504/1, Nr. 588/2, Nr. 756/5, Nr. 840/1, Nr. 924/1, Nr. 1008/1, Nr. 1092/2, Nr. 1176/1, Nr. 1260/2, Nr. 1344/1, Nr. 1512/2, Nr. 1596/4, Nr. 1680/1, Nr. 1764/1, Nr. 1848/2, Nr. 1932/2, Nr. 2016/1, Nr. 2100/1, Nr. 2184/1, Nr. 2268/4, Nr. 2352/3, Nr. 2436/1, Nr. 2520/2, Nr. 2604/3, Nr. 2688/1, Nr. 2772/1, Nr. 2856/2, Nr. 2940/2, Nr. 3024/1, Nr. 3108/1, Nr. 3192/1, Nr. 3276/2, Nr. 3360/1, Nr. 3444/1, Nr. 3528/1, Nr. 3612/2, Nr. 3696/4, Nr. 3780/2, Nr. 3864/(?), Nr. 3948/1, Nr. 4032/3, Nr. 4116/6, Nr. 4200/1, Nr. 4284/5, Nr. 4368/1, Nr. 4452/5, Nr. 4536/1, Nr. 4620/4, Nr. 4704/3, Nr. 4788/1, Nr. 4872/2, Nr. 4956/1, Nr. 5040/1, Nr. 5124/4, Nr. 5208/1, Nr. 5292/1, Nr. 5376/1, Nr. 5460/10, Nr. 5544/1, Nr. 5628/3, Nr. 5712/1, Nr. 5796/1, Nr. 5880/1, Nr. 5964/1, Nr. 6048/1, Nr. 6132/1, Nr. 6216/1, Nr. 6300/1, Nr. 6384/1, Nr. 6468/1, Nr. 6552/1, Nr. 6636/1, Nr. 6720/1, Nr. 6804/1, Nr. 6888/1, Nr. 6972/1, Nr. 7056/7, Nr. 7140/2, Nr. 7224/1, Nr. 7308/1, Nr. 7392/2, Nr. 7476/1, Nr. 7560/1, Nr. 7644/1, Nr. 7728/1, Nr. 7812/1, Nr. 7896/1, Nr. 7980/2, Nr. 8064/1, Nr. 8148/2, Nr. 8232/2, Nr. 8316/1, Nr. 8400/1, Nr. 8484/1, Nr. 8568/1, Nr. 8736/1, Nr. 8820/1, Nr. 8904/2.

Briefe zu „Holocaust“, Briefe an den SFB, 1979, ZfA, TU Berlin, Nr. 72/2.

9.2. Literaturverzeichnis

Almond, Gabriel A. / Verba, Sidney, 1963, The Civic Culture. Political Attitudes and Democracy in Five Nations, Princeton, New Jersey.

Arendt, Hannah, 1978, Eichmann in Jerusalem. Ein Bericht von der Banalität des Bösen, Reinbek bei Hamburg.

Augstein, Rudolf, 1979, „Ich habe es nicht gewusst“, in: Der Spiegel, 5/1979, Hamburg.

Assmann, Aleida, 1999, Erinnerungsräume. Formen und Wandlungen des kulturellen Gedächtnisses, München.

Becker, Wolfgang / Schöll, Norbert (Hrsg.), 1995, In jenen Tagen... Wie der deutsche Nachkriegsfilm die Vergangenheit bewältigte, Opladen.

Bergmann, Werner, 1997, Antisemitismus in öffentlichen Konflikten: kollektives Lernen in der politischen Kultur der Bundesrepublik 1949-1989, Frankfurt a. M. , New York.

Benz, Wolfgang, 1990, Nachkriegsgesellschaft und Nationalsozialismus, in: Benz, Wolfgang / Distel, Barbara (Hrsg.), Erinnern oder Verweigern – Das schwierige Thema Nationalsozialismus, Dachauer Hefte, 6/1990, Dachau.

Benz, Wolfgang, 1987, Die Abwehr der Vergangenheit. Ein Problem nur für Historiker und Moralisten?, in: Diner, Dan (Hrsg.), Ist der Nationalsozialismus Geschichte? Zu Historisierung und Historikerstreit, Frankfurt a. M.

Benz, Wolfgang, 1980, Rechtsradikalismus: Randerscheinung oder Renaissance?, Frankfurt a. M.

Berghoff, Hartmut, 1998, Zwischen Verdrängung und Aufarbeitung, in: Bookmann, H. / Rohlfes, J. (Hrsg.), Geschichte in Wissenschaft und Unterricht, 49. Jg. (1998), Seelze, Velber.

Bergmann, Werner, 1997, Antisemitismus in öffentlichen Konflikten. Kollektives Lernen in der politischen Kultur der Bundesrepublik 1949-1989, Frankfurt a. M.

Bergmann, Werner, 1994, Effekte öffentlicher Meinung auf die Bevölkerungsmeinung, in: Kölner Zeitschrift für Soziologie und Sozialpsychologie, Sonderheft 34/1994, Opladen.

Berg-Schlosser, Dirk, 1994, Politische Kulturforschung, in: Kriz, Jürgen / Nohlen, Dieter / Schultze, Rainer-Olaf (Hrsg.), Lexikon der Politik. Bd. 2 Politikwissenschaftliche Methoden, München.

Bessen, Ursula (Hrsg.), 1989, Trümmer und Träume. Nachkriegszeit und fünfziger Jahre auf Zelluloid. Deutsche Spielfilme als Zeugnisse ihrer Zeit. Eine Dokumentation, Bochum.

Bosch, Michael (Hrsg.), 1979, Antisemitismus, Nationalsozialismus und Neonazismus, Düsseldorf.

Brandt, Susanne, 2001, Wenig Anschauung? Die Ausstrahlung des Vierteilers „Holocaust" in der BRD (1978/1979), unveröffentlichtes Manuskript.

Brandt, Susanne, 1999, Holocaust - Redaktionell bearbeitet, Zeitschrift für Kulturaustausch, 49. Jg. 4/99, Stuttgart.

Broder, Henryk M. (Hrsg.), 1978, Deutschland erwacht. Die neuen Nazis. Aktionen und Provokationen, Köln.

Broszat, Martin (Hrsg.), 1990, Zäsuren nach 1945. Essays zur Periodisierung der deutschen Nachkriegsgeschichte, München.

Broszat, Martin, 1979, „Holocaust“ und die Geschichtswissenschaft, in: Vierteljahreshefte für Zeitgeschichte, Heft 27/1979, Wien.
Bucher, Hans-Jürgen, 1986, Pressekommunikation – Untersuchungen einer öffentlichen Form der Kommunikation aus linguistischer Sicht, Tübingen.
Bude, Heinz, 1998, Die Erinnerung der Generationen, in: König, Helmut / Kohlstruck, Michael / Wöll, Andreas, Vergangenheitsbewältigung am Ende des zwanzigsten Jahrhundert, Leviathan. Zeitschrift für Sozialwissenschaft, Sonderheft 18/1998, Opladen, Wiesbaden.
Büttner, Ursula (Hrsg.), 1992, Die Deutschen und die Judenverfolgung im Dritten Reich, Hamburg.
Bungenstab, Karl-Ernst, 1970, Umerziehung zur Demokratie? – Re-education-Politik im Bildungswesen der US-Zone 1945-1949, Düsseldorf.

Clasen, Jens, 1998, Das „Rührstück“ als Chance, Magisterarbeit, Düsseldorf.
Clemens, Gabriele, 1994a, Die britische Kulturpolitik in Deutschland: Musik, Theater, Film und Literatur, in: Clemens, Gabriele (Hrsg.), Kulturpolitik im besetzten Deutschland 1945-1949, Stuttgart.
Clemens, Gabriele (Hrsg.), 1994b, Kulturpolitik im besetzten Deutschland 1945-1949, Stuttgart.

Billiger als „Roots“ – Ein Politikum, (kein Verfasser genannt), 1979, in: Die Zeit, 19.01.1979, Hamburg.
Diner, Dan (Hrsg.), 1987, Ist der Nationalsozialismus Geschichte? Zu Historisierung und Historikerstreit, Frankfurt a. M..
Distel, Barbara / Frei, Norbert / Mannheimer, Max / Reichel, Peter / Welzer, Harald, 2001, Der Umgang mit dem Holocaust: Wieviel Erinnerung war zu welcher Zeit möglich?, Podiumsdiskussion, in: Frei, Norbert / Steinbacher, Sybille (Hrsg.), Beschweigen und Bekennen. Die deutsche Nachkriegsgesellschaft und der Holocaust, Göttingen.

Ernst, Tilman, 1980, „Holocaust“ in der Bundesrepublik: Impulse, Reaktionen und Konsequenzen der Fernsehserie aus Sicht politischer Bildung, in: Rundfunk und Fernsehen, 28. Jg. 4/1980, Hamburg.
Ernst, Tilman, 1979, „Holocaust“ aus der Sicht der politische Bildung, in: Märthesheimer, Peter / Frenzel, Ivo (Hrsg.), Im Kreuzfeuer: Der Fernsehfilm „Holocaust“ Eine Nation ist betroffen, Frankfurt a. M.
Ernst, Tilman, 1978, Fiktion des Erlebten, in: Tribüne, 17. Jg. 68/1978, Frankfurt a. M.

Fest, Joachim, 1979, Nachwort zu Holocaust, in: Frankfurter Allgemeine Zeitung, 01.02.1979, Franfurt a. M.

Fest, Joachim, 1973, Hitler. Eine Biographie, Frankfurt a. M., Berlin.

Fetscher, Iring / Münkler, Herfried (Hrsg.), 1985, Politikwissenschaft, Begriffe – Analysen – Theorien – Ein Grundkurs, Reinbek bei Hamburg.

Fischer, Joschka, 1999, Rede des Außenministers zum Nato-Einsatz im Kosovo, Parteitag von Bündnis 90/Die Grünen vom 13. März 1999. http://www.gymnasium-eckesthal.de/faecher/rhetorik/Fischer3.pdf, Letzter Zugriff: 5. 12. 2003).

Flick, Uwe, 1996, Qualitative Forschung, Theorie, Methoden, Anwendung in Psychologie und Sozialwissenschaften, Reinbek bei Hamburg.

Forte, Dieter, 1995, Der Junge mit den blutigen Schuhen, Frankfurt a. M.

Frei, Norbert, 2001, Der Umgang mit dem Holocaust: Wieviel Erinnerung war zu welcher Zeit möglich?, in: Distel, Barbara / Frei, Norbert / Mannheimer, Max / Reichel, Peter / Welzer, Harald, Der Umgang mit dem Holocaust: Wieviel Erinnerung war zu welcher Zeit möglich?, Podiumsdiskussion, in: Frei, Norbert / Steinbacher, Sybille (Hrsg.), Beschweigen und Bekennen. Die deutsche Nachkriegsgesellschaft und der Holocaust, Göttingen.

Frei, Norbert / Steinbacher, Sybille (Hrsg.), 2001, Beschweigen und Bekennen. Die deutsche Nachkriegsgesellschaft und der Holocaust, Göttingen.

Frei, Norbert, 1996, Vergangenheitspolitik. Die Anfänge der Bundesrepublik und die NS-Vergangenheit, München.

Frenzel, Ivo, 1979, Vorbemerkungen der Herausgeber, in: Märthesheimer, Peter / Frenzel, Ivo (Hrsg.), Im Kreuzfeuer: Der Fernsehfilm „Holocaust“. Eine Nation ist betroffen, Frankfurt a. M.

Friedrich, Jörg, 2002a, Der Brand. Deutschland im Bombenkrieg 1940-1945, München.

Friedrich, Jörg, 2002b, Deutsche Städte im Inferno, Interview, in: Focus, 48/2002, München.

Fuchs-Heinritz, Werner / Lautmann, Rüdiger / Rammstedt, Otthein / Wienold, Hanns (Hrsg.), 1995, Politische Sozialisation, Lexikon zur Soziologie, Opladen.

Gessner, Nina, 2000, Konfrontation mit der NS-Vergangenheit: Die deutsche Öffentlichkeit und der Auschwitz-Prozess. Ein Beitrag zur Erinnerungskultur der 19sechziger Jahre in der Bundesrepublik Deutschland, Examensarbeit, Hamburg.

Garbe, Detlef, 1993, Äußerliche Abkehr, Erinnerungsverweigerung und „Vergangenheitsbewältigung“: Der Umgang mit dem Nationalsozialismus in der frühen Bundesrepublik, in: Schildt, Axel / Sywottek, Arnold (Hrsg.), Modernisierung im Wiederaufbau. Die westdeutsche Gesellschaft der fünfziger Jahre, Bonn.

Gerhards, Jürgen / Neidhardt, Friedhelm, 1991, Strukturen und Funktionen moderner Öffentlichkeit: Fragestellungen und Ansätze, in: Müller-Doohm, Stefan / Neumann-Braun, Klaus (Hrsg.), Öffentlichkeit - Kultur - Massenkommunikation, Oldenburg.

Grass, Günther, 2002, Im Krebsgang, Göttingen.

Green, Gerald, 1979, Holocaust: Endlösung, Bayreuth.

Green, Gerald, 1961, Abelman oder Der Zorn des Gerechten, Berlin.

Greiffenhagen, Martin / Greiffenhagen, Sylvia, 2002, Handwörterbuch zur Politischen Kultur der Bundesrepublik Deutschland, Wiesbaden.

Giordano, Ralph, 1987, Die zweite Schuld oder: Von der Last Deutscher zu sein, Hamburg.

Goschler, Constantin, 1998, Offene Fragen der Wiedergutmachung, in: König, Helmut / Kohlstruck, Michael / Wöll, Andreas (Hrsg.), Vergangenheitsbewältigung am Ende des zwanzigsten Jahrhunderts, Leviathan. Zeitschrift für Sozialwissenschaft, Sonderheft 18/1998, Opladen, Wiesbaden.

Hage, Volker, 2002, Unter Generalverdacht, in: Der Spiegel, 15/2002, Hamburg.

Hembus, Joe, 1989, Mach dir ein paar schöne Stunden mit der unbewältigten Vergangenheit, in: Bessen, Ursula (Hrsg.) Trümmer und Träume, Nachkriegszeit und fünfziger Jahre auf Zelluloid. Deutsche Spielfilme als Zeugnisse ihrer Zeit. Eine Dokumentation, Bochum.

Herbert, Ulrich, 1993, Der Holocaust in der Geschichtsschreibung der Bundesrepublik Deutschland, in: Moltmann, Bernd (Hrsg.), Erinnerung: zur Gegenwart des Holocaust in Deutschland, Frankfurt a. M.

Herbert, Ulrich, 1989, Nicht entschädigungsfähig? Die Wiedergutmachungsansprüche der Ausländer, in: Herbst, Ludolf / Goschler, Constantin, Wiedergutmachung in der Bundesrepublik Deutschland, Sondernummer der Schriftenreihe der Vierteljahrshefte für Zeitgeschichte, München.

Herbig, Albert / Sandig, Barbara, 1994, Das kann doch wohl nur ein Witz sein! Argumentieren, Bewertungen und Emotionalisieren im Rahmen persuasiver Strategien, in: Moilanen, M. / Tiitula, L. (Hrsg.), Überredung in der Presse, Berlin, New York.

Herz, Thomas / Schwab-Trapp, 1997, Michael, Umkämpfte Vergangenheit, Opladen.
Herz, Thomas, 1997, Der Fassbinderstreit – ein Beitrag zur politischen Kultur(-forschung) der Bundesrepublik, in: Herz, Thomas / Schwab-Trapp, Michael, Umkämpfte Vergangenheit, Opladen.
Hockerts, Hans Günther, 2001, Zugänge zu Zeitgeschichte: Primärerfahrung, Erinnerungskultur, Geschichtswissenschaft, Aus Politik und Zeitgeschichte, Bd. 28/2001, Bonn.
Hofstätter, Peter R., 1963a, Was verspricht man sich vom Schulfach Zeitgeschichte?, in: Die Zeit, 21.06.1963, Hamburg.
Hofstätter, Peter R., 1963b, Bewältigte Vergangenheit?, in: Die Zeit, 14.06.1963, Hamburg.
Huth, Lutz / Krzeminski, Michael, 1981, Zuschauerpost – ein Folgeproblem massenmedialer Kommunikation, Tübingen.

Jaspers, Karl, 1996, Die Schuldfrage. Von der politischen Haftung Deutschlands, München.
Jesse, Eckhard, 1987, „Vergangenheitsbewältigung" in der Bundesrepublik Deutschland, in: Böckenförde, Wolfgang / Grawert, Rolf / Ossenbühl, Fritz / Quaritsch / Wahl, Rainer / Weis, Eberhard / Willms, Bernard (Hrsg.), Der Staat. Zeitschrift für Staatslehre, Öffentliches Recht und Verfassungsgeschichte, Bd. 26/1987, Berlin.

Kaase, Max, 1998, Demokratisches System und die Mediatisierung von Politik, in: Sarcinelli, Ulrich, Politikvermittlung und Demokratie in der Mediengesellschaft. Beiträge zur politischen Kommunikationskultur, Opladen, Wiesbaden.
Kaase, Max (Hrsg.), 1986, Politische Wissenschaft und politische Ordnung. Analysen zu Theorie und Empirie demokratischer Regierungsweise. Festschrift zum 65. Geburtstag von Rudolf Wildenmann, Opladen.
Kampen, Wilhelm van, 1978, Holocaust. Materialien zu einer amerikanischen Fernsehserie über die Judenverfolgung im „Dritten Reich", Bonn.
Karalus, Paul, 1982, Gegen die Arroganz der Puristen, in: Süddeutsche Zeitung, 19.11.1982, München.
Knilli, Friedrich / Zielinski, Siegfried (Hrsg.), 1983, Betrifft: „Holocaust". Zuschauer schreiben an den WDR, Berlin.
Knilli, Friedrich / Zielinski, Siegfried, 1982, Holocaust zur Unterhaltung. Anatomie eines internationalen Bestsellers, Berlin.
Knilli, Friedrich, 1981, Erkenntnisinteressen - und was sie produzieren. Zum Stand der empirischen „Holocaust"- Forschung, in: medium, Zeit-

schrift für Hörfunk, Fernsehen, Film, Presse, 11. Jg., 1/1981, Frankfurt a. M.

Knilli, Friedrich, 1979, Endlösung aller Zukunftsfragen des US-Fernsehens? Ein Marketing Produkt und seine Rezeption in dem USA, in: medium, Zeitschrift für Hörfunk, Fernsehen, Film, Presse, 9. Jg., 1/1979, Frankfurt a. M.

Koebner, Thomas / Schneider, Sigrid (Hrsg.), 1987, Deutschland nach Hitler. Zukunftspläne im Exil und aus der Besatzungszeit 1939-1949, Opladen.

Koebner, Thomas, 1987, Die Schuldfrage. Vergangenheitsverweigerung und Lebenslügen in der Diskussion 1945-1949, in: Koebner, Thomas / Schneider, Sigrid (Hrsg.), Deutschland nach Hitler. Zukunftspläne im Exil und aus der Besatzungszeit 1939-1949, Opladen.

König, Helmut / Kohlstruck, Michael / Wöll, Andreas, 1998, Vergangenheitsbewältigung am Ende des zwanzigsten Jahrhundert, Leviathan. Zeitschrift für Sozialwissenschaft, Sonderheft 18/1998, Opladen, Wiesbaden.

König, Helmut, 1998, Von der Diktatur zur Demokratie oder Was ist Vergangenheitsbewältigung?, in: König, Helmut / Kohlstruck, Michael / Wöll, Andreas, Vergangenheitsbewältigung am Ende des zwanzigsten Jahrhunderts, Leviathan. Zeitschrift für Sozialwissenschaft, Sonderheft 18/1998, Opladen.

König, Helmut (Hrsg.), 1997a, Vertuschte Vergangenheit: der Fall Schwerte und die NS-Vergangenheit der deutschen Hochschulen, München.

König, Helmut, 1997b, Das Erbe der Diktatur. Der Nationalsozialismus im politischen Bewusstsein der Bundesrepublik, in: König, Helmut (Hrsg.), Vertuschte Vergangenheit: der Fall Schwerte und die NS-Vergangenheit der deutschen Hochschulen, München.

Kohlhammer, Siegfried, 1994, Anathema. Der Holocaust und das Bilderverbot, in: Merkur, 6/94, Stuttgart.

Kohlstruck, Michael, 1998, Zwischen Geschichte und Mythologisierung, in: König, Helmut / Kohlstruck, Michael / Wöll, Andreas (Hrsg.), Vergangenheitsbewältigung am Ende des zwanzigsten Jahrhunderts, Leviathan. Zeitschrift für Sozialwissenschaft, Sonderheft 18/1998, Opladen, Wiesbaden.

Kühnl, Reinhard, 1987, „Ein Kampf um das Geschichtsbild", in: Kühnl, Reinhard (Hrsg.), Vergangenheit, die nicht vergeht. Die „Historiker-Debatte". Dokumentation, Darstellung und Kritik, Köln.

Kühnl, Reinhard, 1979, „Holocaust" und die Folgen, in: Blätter für deutsche und internationale Politik, Heft 2, 24/1979, Berlin.

Lanzmann, Claude, 1994, Ihr sollt nicht weinen. Einspruch gegen Schindlers Liste, Frankfurter Allgemeine Zeitung, 5.3.1994, Frankfurt a. M.

Lichtenstein, Heiner / Schmid-Ospach, Michael (Hrsg.), 1982, „Holocaust". Briefe an den WDR, Wuppertal.

Lichtenstein, Heiner, 1982, „Holocaust" und die Reaktionen der Fernsehzuschauer, in: Lichtenstein, Heiner / Schmid-Ospach, Michael (Hrsg.), „Holocaust". Briefe an den WDR, Wuppertal, 1982.

Lichtenstein, Heiner, 1978, Das Erntefest von Majdanek, in: Broder, Henryk M. (Hrsg.), Deutschland erwacht, Köln.

Lietzmann, Sabina, 1979, Die Judenvernichtung als Seifenoper, in: Märthesheimer, Peter / Frenzel, Ivo (Hrsg.), Im Kreuzfeuer: Der Fernsehfilm „Holocaust". Eine Nation ist betroffen, Frankfurt a. M.

Loth, Wilfried / Rusinek, Bernd-A. (Hrsg.), 1998, Verwandlungspolitik in der westdeutschen Nachkriegsgesellschaft, Frankfurt a. M., New York.

Magnus, Uwe, 1980, „Holocaust" in der Bundesrepublik: Zentrale Ergebnisse der Begleituntersuchungen aus der Sicht der Rundfunkanstalten, Rundfunk und Fernsehen, 28. Jg., 4/1980, Hamburg.

Magnus, Uwe, 1979a, Die Reaktionen auf „Holocaust", in: Media Perspektiven, Heft 4/1979, Frankfurt a. M.

Magnus, Uwe, 1979b, Die Einschaltquoten und Sehbeteiligungen, in: Märthesheimer, Peter / Frenzel, Ivo (Hrsg.), Im Kreuzfeuer: Der Fernsehfilm „Holocaust". Eine Nation ist betroffen, Frankfurt a. M.

Märthesheimer, Peter / Frenzel, Ivo (Hrsg.), 1979, Im Kreuzfeuer: Der Fernsehfilm „Holocaust". Eine Nation ist betroffen, Frankfurt a. M.

Mayring, Philipp, 1997, Qualitative Inhaltsanalyse. Grundlagen und Techniken, Weinheim.

Messerschmid, Felix, 1979, Nachüberlegungen zu Holocaust", in: Geschichte in Wissenschaft und Unterricht, Heft 30/1979, Seelze, Velber.

Mitscherlich, Alexander und Margarete, 1970, Die Unfähigkeit zu trauern – Grundlagen kollektiven Verhaltens, München

Moilanen, M. / Tiitula, L. (Hrsg.), 1994, Überredung in der Presse, Berlin, New York.

Moltmann, Bernhard, 1993, Einleitung, in: Moltmann, Bernhard / Kiesel, Doron / Kugelmann, Cilly / Loewy, Hanno / Neuhaus, Dietrich (Hrsg.), Erinnerung: zur Gegenwart des Holocaust in Deutschland-West und Deutschland-Ost, Frankfurt a. M.

Moltmann, Bernhard / Kiesel, Doron / Kugelmann, Cilly / Loewy, Hanno / Neuhaus, Dietrich (Hrsg.), 1993, Erinnerung: zur Gegenwart des Holocaust in Deutschland-West und Deutschland-Ost, Frankfurt a. M.

Mommsen, Hans, 1979, Haben die Historiker versagt? Holocaust und die deutsche Geschichtswissenschaft, in: Materialien zur politischen Bildung, Heft 2/1979, Bonn.

Müller-Doohm, Stefan / Neumann-Braun, Klaus (Hrsg.), 1991, Öffentlichkeit. Kultur. Massenkommunikation, Oldenburg.

Nannen, Henri, 1979, Ja, ich war zu feige, in: Märthesheimer, Peter / Frenzel, Ivo (Hrsg.), Im Kreuzfeuer: Der Fernsehfilm „Holocaust". Eine Nation ist betroffen, Frankfurt a. M.

Neidhardt, Friedhelm (Hrsg.), 1994a, Öffentlichkeit, Öffentliche Meinung, Soziale Bewegungen, Opladen.

Neidhardt, Friedhelm, 1994b, Öffentlichkeit, Öffentliche Meinung, Soziale Bewegungen, in: Neidhardt, Friedhelm (Hrsg.), Öffentlichkeit, Öffentliche Meinung, Soziale Bewegungen, Opladen.

Pampel, Bert, 1995, Was bedeutet „Aufarbeitung der Vergangenheit"? Kann man aus der „Vergangenheitsbewältigung" nach 1945 für die „Aufarbeitung" nach 1989 Lehren ziehen?, in: Aus Politik und Zeitgeschichte, Bd. 1-2/95, Bonn.

Pappi, Franz Urban, 1986, Politische Kultur. Forschungsparadigma, Fragestellungen, Untersuchungsmöglichkeiten in: Kaase, Max (Hrsg.) Politische Wissenschaft und politische Ordnung. Analysen zu Theorie und Empirie demokratischer Regierungsweise. Festschrift zum 65. Geburtstag von Rudolf Wildenmann, Opladen.

Prokop, Dieter, 1980, Der politisierende Effekt von US-Fernsehserien. Wie man durch „Begleitstudien" alles beweisen kann, in: medium, Zeitschrift für Hörfunk, Fernsehen, Film, Presse, 10. Jhg, Heft 1/1980, Frankfurt a. M.

Referat „Öffentlichkeitsarbeit gegen Terrorismus" im Bundesministerium des Innern (Hrsg.), 1982, Gewalt von rechts, Bonn.

Reichel, Peter, 2001a, Vergangenheitsbewältigung in Deutschland. Die Auseinandersetzung mit der NS-Diktatur von 1945 bis heute, München.

Reichel, Peter, 2001b, Der Umgang mit dem Holocaust: Wieviel Erinnerung war zu welcher Zeit möglich?, in: Distel, Barbara / Frei, Norbert / Mannheimer, Max / Reichel, Peter / Welzer, Harald, Der Umgang mit dem Holocaust: Wieviel Erinnerung war zu welcher Zeit möglich?, Podiumsdiskussion, in: Frei, Norbert / Steinbacher, Sybille (Hrsg.), Beschweigen und Bekennen Die deutsche Nachkriegsgesellschaft und der Holocaust, Göttingen.

Reichel, Peter, 1993, Zwischen Dämonisierung und Verharmlosung: Das NS-Bild und seine politische Funktion in den fünfziger. Eine Skizze, in: Schildt, Axel / Sywottek, Arnold (Hsrg.), Modernisierung im Wiederaufbau. Die westdeutsche Gesellschaft der fünfziger Jahre, Bonn.

Reichel, Peter, 1985, Politische Kultur in Deutschland, in: Fetscher, Iring / Münkler, Herfried (Hrsg.), Politikwissenschaft, Begriffe – Analysen – Theorien – Ein Grundkurs, Reinbek bei Hamburg.

Rohrbach, Günter, 1979, Ende der Von-oben-nach-unten-Kultur? Erkenntnisse und Folgerungen für die Arbeit von Fernsehanstalten, in: Frankfurter Allgemeine Zeitung, 29.01.1979, Frankfurt a. M.

Rohe, Karl, 1990, Politische Kultur und ihre Analyse. Probleme und Perspektiven der Politischen Kulturforschung, in: Historische Zeitschrift Bd. 250, München.

Roß, Dieter / Teichert, Will, 1977, Hörerpost als Feedback. Ergebnisse einer explorativen Studie, in: Rundfunk und Fernsehen, 25. Jg., 1-2/1977, Hamburg.

Rotermundt, Rainer, 1980, Verkehrte Utopien – Nationalsozialismus – Neonazismus - Neue Barbarei, Frankfurt a. M.

Rusinek, Bernd-A., 2000, Von der Entdeckung der NS-Vergangenheit zum generellen Faschismusverdacht – akademische Diskurse in der Bundesrepublik der sechziger Jahre, in: Schildt, Axel / Siegfried, Detlef / Lammers, Karl Christian (Hrsg.), Dynamische Zeiten. Die sechziger Jahre in beiden deutschen Gesellschaften, Hamburg.

Sarcinelli, Ulrich, 1998a, Politikvermittlung und Demokratie: Zum Wandel der Politischen Kommunikationskultur, in: Sarcinelli, Ulrich, Politikvermittlung und Demokratie in der Mediengesellschaft. Beiträge zur politische Kommunikationskultur, Opladen, Wiesbaden.

Sarcinelli, Ulrich, 1998b, Politikvermittlung und Demokratie in der Mediengesellschaft. Beiträge zur politische Kommunikationskultur, Opladen, Wiesbaden.

Scheffler, Wolfgang, 1979, Anmerkungen zum Fernsehfilm „Holocaust“ und zu Fragen zeithistorischer Forschung, in: Geschichte und Gesellschaft 5 (1979), Göttingen.

Schildt, Axel / Siegfried, Detlef / Lammers, Karl Christian (Hrsg.), 2000, Dynamische Zeiten. Die sechziger Jahre in beiden deutschen Gesellschaften, Hamburg.

Schildt, Axel, 1998, Der Umgang mit der NS-Vergangenheit in der Öffentlichkeit der Nachkriegszeit, in: Loth, Wilfried / Rusinek, Bernd-A.

(Hrsg.), Verwandlungspolitik in der westdeutschen Nachkriegsgesellschaft, Frankfurt a. M. , New York.
Schildt, Axel / Sywottek, Arnold (Hsrg.), 1993, Modernisierung im Wiederaufbau. Die westdeutsche Gesellschaft der fünfziger Jahre, Bonn.
Schlink, Bernhard, 1995, Der Vorleser, Zürich.
Schmid, Harald, 2001, Erinnern an den Tag der Schuld. Das Novemberpogrom von 1938 in der deutschen Geschichtspolitik, Hamburg.
Schmidt, Manfred G. (Hrsg.), 1995, Politische Sozialisation, Wörterbuch zur Politik, Stuttgart.
Schneider, Gerhard, 1979, Geschichte durch die Hintertür. Triviale und populärwissenschaftliche Literatur über den Nationalsozialismus und den Zweiten Weltkrieg, in: Bosch, Michael (Hrsg.), Antisemitismus, Nationalsozialismus und Neonazismus, Düsseldorf.
Schneider, Peter, 2001, Und wenn wir nur eine Stunde gewinnen..., Berlin.
Schoeps, Julius H., 1979, Angst vor der Vergangenheit? Notizen zu den Reaktionen zu „Holocaust“, in: Märthesheimer, Peter / Frenzel, Ivo (Hrsg), Im Kreuzfeuer: Der Fernsehfilm „Holocaust“. Eine Nation ist betroffen, Frankfurt a. M.
Schwab-Trapp, Michael, 1997, Pleiten, Pech und Pannen: Kohls Spaziergang durch die Fettnäpfchen. Typische Argumente in einem Streit um Helmut Kohls Israelreise, in: Herz, Thomas / Schwab-Trapp, Michael, Umkämpfte Vergangenheit, Opladen.
Schwan, Gesine, 1997, Politik und Schuld. Die zerstörerische Macht des Schweigens, Frankfurt a. M.
Schwarze, Michael, 1979, Die Wirkung von „Holocaust“. Ergebnisse einer Begleituntersuchung des Westdeutschen Rundfunks, in: Frankfurter Allgemeine Zeitung, 04.05.1979, Frankfurt a. M.
Seidler, Franz W. / de Zayas, Alfred M. (Hrsg.), 2002, Kriegsverbrechen in Europa und im Nahen Osten im 20. Jahrhundert, Hamburg.
Seuthe, Rupert, 2001, "Geistig-moralische Wende"? Der politische Umgang mit der NS-Vergangenheit in der Ära Kohl am Beispiel von Gedenktagen, Museums- und Denkmalprojekten, Frankfurt a.M.
Siegfried, Detlef, 2000, Zwischen Aufarbeitung und Schlussstrich. Der Umgang mit der NS-Vergangenheit in den beiden deutschen Staaten. 1958 bis 1969, in: Schildt, Axel / Siegfried, Detlef / Lammers, Karl Christian (Hrsg.), Dynamische Zeiten. Die sechziger Jahre in beiden deutschen Gesellschaften, Hamburg.
Speer, Albert, 1975, Spandauer Tagebücher, Frankfurt a. M., Berlin.

Steinbach, Peter, 1994, Widerstand im Widerstreit. Der Widerstand gegen den Nationalsozialismus in der Erinnerung der Deutschen. Ausgewählte Studien, Paderborn, München, Wien, Zürich.

Steinbach, Peter, 1981, Nationalsozialistische Gewaltverbrechen. Die Diskussion in der deutschen Öffentlichkeit nach 1945, Berlin.

Steyer, Kathrin, 1997, Reformulierungen: Sprachliche Relationen zwischen Äußerungen und Texten im öffentlichen Diskurs, Tübingen.

Tele-Biss, 1979, Drama aus zweiter Hand, in: Märthesheimer, Peter / Frenzel, Ivo (Hrsg.), Im Kreuzfeuer: Der Fernsehfilm „Holocaust“. Eine Nation ist betroffen, Frankfurt a. M.

Thamer, Hans-Ulrich, 1998, Die NS-Vergangenheit im politischen Diskurs der 68er-Bewegung, in: Westfälische Forschungen, Zeitschrift des Westfälischen Institutes für Regionalgeschichte des Landschaftsverbandes Westphalen-Lippe, 48/1998, Münster.

Thiele, Martina, 2001, Publizistische Kontroversen über den Holocaust im Film, Dissertation, Göttingen, http://webdoc.sub.gwdg.de/diss/2001/thiele/thiele.pdf, Letzter Zugriff: 02.04.2003.

Thoma, Alexandra, 2002, Kriegsgeschichten und Geschichtsbilder. Eine Beobachtung zum Umgang mit Geschichte in der öffentlichen politischen Diskussion in Deutschland. Das Fallbeispiel Kosovo, Magisterarbeit, Hamburg.

Vollnhans, Clemens, 1992, Zwischen Verdrängung und Aufklärung. Die Auseinandersetzung mit dem Holocaust in der frühen Bundesrepublik, in: Büttner, Ursula (Hrsg.), Die Deutschen und die Judenverfolgung im Dritten Reich, Hamburg.

Weichert, Dieter, 1980, „Holocaust“ in der Bundesrepublik: Design, Methode und zentrale Ergebnisse der Begleituntersuchung, in: Rundfunk und Fernsehen, 28. Jg., 4/1980, Hamburg.

Wenderoth, Anette, 1999, Arbeit an Moral. Prozesse der kommunikativen Konstruktion und Aushandlung von Moral am Beispiel von Talkshows und ihren Zuschauerbriefen. Eine empirische Untersuchung, Oldenburg.

Weiß, Matthias, 2001, Sinnliche Erinnerung. Die Filme „Holocaust“ und „Schindlers Liste in der bundesdeutschen Vergegenwärtigung der NS-Zeit, in: Frei, Norbert / Steinbacher, Sybille (Hrsg.), Beschweigen und Bekennen. Die deutsche Nachkriegsgesellschaft und der Holocaust, Göttingen.

Wiesel, Elie, 1979, Die Trivialisierung des Holocaust: Halb Faktum und halb Fiktion, in: Märthesheimer, Peter / Frenzel, Ivo (Hrsg.), Im Kreuzfeuer: Der Fernsehfilm „Holocaust“ Eine Nation ist betroffen, Frankfurt a. M.

Wilke, Jürgen, 1999a, Massenmedien und Vergangenheitsbewältigung, in: Wilke, Jürgen (Hrsg.), Mediengeschichte der Bundesrepublik Deutschland, Bonn.

Wilke, Jürgen (Hrsg.), 1999b, Mediengeschichte der Bundesrepublik Deutschland, Bonn.

Wittkämper, Gerhard W. / Bellers, J., 1985, Medien und öffentliche Meinung, in: Fetscher, Iring / Münkler, Herfried (Hrsg.), Politikwissenschaft, Begriffe – Analysen – Theorien – Ein Grundkurs, Reinbek bei Hamburg.

Wolfrum, Edgar, 1999, Geschichtspolitik der Bundesrepublik Deutschland. Der Weg zur bundesrepublikanischen Erinnerung 1948-1990, Darmstadt.

BEITRÄGE ZUR POLITIKWISSENSCHAFT

Band 1 Maria M. Müller-Sorge: Journalismus - Offenheit und Konformität. Die Politische Tagespresse in der Bundesrepublik. 1975.

Band 2 Hans Heinrich Rass: Britische Außenpolitik 1929-1931: Ebenen und Faktoren der Entscheidung. 1975.

Band 3 Maria Huber: Strategien der Entwicklungspolitik. Ein Beitrag zur Kritik der Entwicklungsökonomik. 1975.

Band 4 Jürgen Hentze: Nationalismus und Internationalismus bei Rosa Luxemburg. 1975.

Band 5 Detlef Klotz: Länderparlamentarismus: Bürgernähe als Chance? Zur hochschulpolitischen Entscheidungsfindung im Landtag von Baden-Württemberg 1956-1968 am Beispiel des Hochschulgesetzes von 1968. 1975.

Band 6 Dieter-Dirk Hartmann: Volksinitiativen. 1976.

Band 7 Ulrich Heyder: Der sozialwissenschaftliche Systemversuch Eduard Heimanns. Darstellung und Kritik der Möglichkeit einer einheitlichen Theorie der modernen Wirtschafts- und Sozialsysteme. 1977.

Band 8 Jost F. Noller: Theorie und Praxis der Apartheid. Eine Analyse der Grundlagen und Bedingungen der Politik der 'Getrennten Entwicklung' in Südafrika. 1977.

Band 9 Annemarie Bopp-Schmehl: Konflikt und Demokratie. Eine Auseinandersetzung mit Kompromiß- und Gleichgewichtsvorstellungen moderner Politiktheorien. 1977.

Band 10 Günter Pumm: Kandidatenauswahl und innerparteiliche Demokratie in der Hamburger SPD. Eine empirische Untersuchung der Kandidatennominierungen für die Bundestagswahl 1969, die Bürgerschaftswahl 1970, den Senat und die Deputationen. 1977.

Band 11 Werner Hugger: Gesamtsystemplanung und Reform des Gesundheitswesens der Bundesrepublik Deutschland. 1977.

Band 12 Peter Wordelmann: Simulation von Systemveränderungen. Möglichkeiten und Grenzen einer Planungsmethode, dargestellt am Beispiel des Ausbildungssektors. 1978.

Band 13 Werner Lang: Kooperative Gewerkschaften und Einkommenspolitik. Das Beispiel Österreichs. 1978.

Band 14 Michael J. Seifert: Sozialer Konflikt. Eine Analyse der Entstehungsbedingungen politischer Bewegungen. 1978.

Band 15 Erhard Zahn: Objektivierung und Vergegenwärtigung als Probleme der politischen Bildung. Untersuchungen zur Komplementarität zweier Wissenschaftsbegriffe. 1979.

Band 16 Barbara Pommerehne-Häß: Die Reformprogramme für die Heimerziehung. Chancen für eine Demokratisierung der öffentlichen Erziehung? 1979.

Band 17 Ingeborg E. Schäfer: Umlandverband Frankfurt/M. Entscheidungsprozesse bei der Entstehung einer Stadt-Umland-Verwaltung. 1979.

Band 18 Robert Lederer: Neokonservative Theorie und Gesellschaftsanalyse. 1979.

Band 19 Dieter Mohrhart: Elternmitwirkung in der Bundesrepublik Deutschland. Ein Beitrag zur politisch-historischen und pädagogischen Diskussion. 1979.

Band 20 Petra S. Hartmann-Laugs: Die politische Integration der Mexiko-Amerikaner. Eine Analyse des mexikoamerikanischen Wahlverhaltens in den Jahren 1960-1974 unter Berücksichtigung sozioökonomischer Variablen. 1980.

Band 21 Wulf W. Hartmann: Die Vietnam-Generation und das amerikanische Parteiensystem. Das Wahlverhalten der akademischen Jugend Kaliforniens und der USA in den Wahlen 1972 und 1974: Eine Analyse mit intra- und intergenerationellem Vergleich unter besonderer Berücksichtigung der ideologischen Entwicklung und der Implikationen für Parteien und Parteisysteme. 1980.

Band 22 Christoph Huhle: Vom Nahziel Kommunismus zu den Grenzen des Wachstums? Sowjetische Kommunismus-Konzeptionen seit 1961. 1980.

Band 23 Marie-Maria Kallen: Die Messung von Fortbildungswirkungen in der öffentlichen Verwaltung. Analyse und Fallstudie zu den Bedingungen und Grenzen der Fortbildungsevaluierung in der öffentlichen Verwaltung. 1980.

Band 24 Gerhard Ziegler: Das Verbraucherinteresse und seine Durchsetzbarkeit. Eine kritische Untersuchung über die restriktiven Bedingungen von Verbraucherarbeit in der Bundesrepublik Deutschland. 1980.

Band 25 Hans-Peter Jäger: Eduard Bernsteins Panorama. Versuch, den Revisionismus zu deuten. 1981.

Band 26 Eva Kronenwett: Beschäftigungsorientierte Regionalpolitik. Möglichkeiten und Probleme einer beschäftigungsorientierten Umgestaltung der Regionalpolitik. 1983.

Band 27 Liesel Hollmann: Wissenschaftliche Beratung der Politik, dargestellt am Beispiel von IPEKS. Integriertes Planungs-, Entscheidungs- und Kontrollsystem für eine Landesregierung. 1983.

Band 28 Dörte Rasch: Kooperation im Unitarismus. Dargestellt am Beispiel französischer Raumordnungspolitik (1967 - 1981). 1983.

Band 29 Gisela Färber: Das rationale Budget. Voraussetzungen und Konsequenzen für ein funktionsfähiges Haushaltswesen der öffentlichen Hand. 1984.

Band 30 Wolfgang Weinz: Gewerkschaften und Arbeitsbeziehungen in der Republik Irland. 1984.

Band 31 Gregor Halmes: Regionenpolitik und Regionalismus in Frankreich 1964 - 1983 (unter besonderer Berücksichtigung der Dezentralisierungspolitik der Linksregierung seit 1981). 1984.

Band 32 Klaus Günther: Politisch-soziale Analyse im Schatten von Weimar. 1985.

Band 33 Dieter Rehfeld: Bestimmungsfaktoren der Energiepolitik in der Bundesrepublik Deutschland. Zugleich ein Beitrag zur aktuellen Diskussion staatlicher Willensbildungs-, Entscheidungs- und Funktionsmuster. 1986.

Band 34 Jens Borchert: Legitimation und partikulare Interessen. Zur gesellschaftlichen Funktion und institutionellen Struktur des Kongresses im amerikanischen Interventionsstaat. 1987.

Band 35 Benedikt Widmaier: Die Bundeszentrale für politische Bildung. Ein Beitrag zur Geschichte staatlicher politischer Bildung in der Bundesrepublik Deutschland. 1987.

Band 36 Thomas Saalfeld: Das britische Unterhaus 1965 bis 1986. Ein Parlament im Wandel. 1987.

Band 37 Werner Reh: Politikverflechtung im Fernstraßenbau der Bundesrepublik Deutschland und im Nationalstraßenbau der Schweiz. Eine vergleichende Untersuchung der Effizienz und Legitimation gesamtstaatlicher Planung. 1988.

Band 38 Wolfgang Schmidt-Streckenbach: Die Stellung der Länder in der Entwicklungspolitik der Bundesrepublik Deutschland. 1988.

Band 39 Manfred Bartosch: Die Rolle der finanziellen Forschungsförderung bei der Entstehung von neuen, technologisch und wirtschaftlich bedeutsamen Innovationen. Theoretische Überlegungen und Fallstudien aus den high-tech-industries in den USA. 1989.

Band 40 Horst Siegemund: Parteipolitik und "Sprachenstreit" in Belgien. Die Auswirkungen der Gegensätze zwischen der niederländischen und der französischen Sprachgemeinschaft in Belgien auf die traditionellen Regierungsparteien des Landes. Eine Untersuchung zur Entwicklung einer gesellschaftlichen Konfliktlinie in der belgischen "consociational democracy" und zum Versuch ihrer politischen Institutionalisierung. 1989.

Band 41 Andreas Busch: Neokonservative Wirtschaftspolitik in Großbritannien. Vorgeschichte, Problemdiagnose, Ziele und Ergebnisse des 'Thatcherismus'. Mit einem Vorwort von Klaus von Beyme. 1989.

Band 42 Andreas Mehler: Die nachkolonialen Staaten Schwarzafrikas zwischen Legitimität und Repression. 1990.

Band 43 Maximilian von Beyme: Kulturpolitik unter den Sozialisten in Frankreich von 1981 bis 1986. 1990.

Band 44 Beatrix Bursig: Die Regionalpolitik der Europäischen Gemeinschaft, unter besonderer Berücksichtigung integrationstheoretischer Überlegungen. 1991.

Band 45 Susanne Knorre: Soziale Selbstbestimmung und individuelle Verantwortung. Hugo Sinzheimer (1875-1945). Ein politische Biographie. 1991.

Band 46 Thomas Rautenberg: Möglichkeiten einer arbeitnehmerorientierten Konzeption zur "Technologiefolgenabschätzung" (Technology Assessment). 1991.

Band 47 Carl Böhret: Nachweltschutz. Sechs Reden über politische Verantwortung. 1991.

Band 48 Peter Müller: Die politische Macht der Mafia. Bedingungen, Formen und Grenzen. 1991.

Band 49 Carl Böhret/Michael Hofmann: Umweltverträglichkeit. Test von Umweltrecht im Planspiel. 1992.

Band 50 Moritz Müller-Wirth: Die Debatte um die Parlamentsreform in Italien von 1971-1988. Mit einem Vorwort von Kurt Sontheimer. 1992.

Band 51 Andreas Wellenstein: Privatisierungspolitik in der Bundesrepublik Deutschland. Hintergründe, Genese und Ergebnisse am Beispiel des Bundes und vier ausgewählter Bundesländer. 1992.

Band 52 Willi Herbert: Wandel und Konstanz von Wertstrukturen. 1993.

Band 53 Carl Böhret: Funktionaler Staat. Ein Konzept für die Jahrhundertwende? 1993.

Band 54 Andreas Klocke: Sozialer Wandel, Sozialstruktur und Lebensstile in der Bundesrepublik Deutschland. 1993.

Band 55 Kyu-Young Lee: Zivilgesellschaft als Ansatzpunkt für den Umbruch der sozialistischen Systeme in Osteuropa? Das Beispiel Polen. 1994.

Band 56 Gerald Paschen: Regierungsmehrheit und Opposition in der demokratischen Konsolidierung Spaniens. 1994.

Band 57 Helge-Lothar Batt: Kooperative regionale Industriepolitik. Prozessuales und institutionelles Regieren am Beispiel von fünf regionalen Entwicklungsgesellschaften in der Bundesrepublik Deutschland. Mit einem Vorwort von Klaus von Beyme. 1994.

Band 58 Hermann Hill / Helmut Klages (eds.): Trends in Public Sector Renewal. Recent Developments and Concepts of Awarding Excellence. 1994.

Band 59 Matthias Beyerle: Staatstheorie und Autopoiesis. Über die Auflösung der modernen Staatsidee im nachmodernen Denken durch die Theorie autopoietischer Systeme und der Entwurf eines nachmodernen Staatskonzepts. 1994.

Band 60 Michael Hofmann: Der Faktor "Zeit" als zentrales Element des politisch-administrativen Managements. 1995.

Band 61 Patrick Horst: Haushaltspolitik und Regierungspraxis in den USA und der Bundesrepublik Deutschland. Ein Vergleich des haushaltspolitischen Entscheidungsprozesses beider Bundesrepubliken zu Zeiten der konservativen Regierungen Reagan/Bush (1981-92) und Kohl (1982-93). 1995.

Band 62 Harald Schlüter: Vom Ende der Arbeiterjugendbewegung.Gewerkschaftliche Jugendarbeit im Hamburger Raum 1950-1965. 1996.

Band 63 Annette Elisabeth Töller: Europapolitik im Bundestag. Eine empirische Untersuchung zur europapolitischen Willensbildung im EG-Ausschuß des 12. Deutschen Bundestages. 1995.

Band 64 Hermann Hill / Helmut Klages / Elke Löffler (Eds.): Quality, Innovation and Measurement in the Public Sector. 1996.

Band 65 Michael Hofmann / Werner Jann / Peter Wordelmann (Hrsg.): Spuren in die Zukunft. Zukunftsorientierte Problemlösungen auf dem Prüfstand. Beiträge zum 60. Geburtstag von Carl Böhret. 1996.

Band 66 Götz Konzendorf: Folgen der "Heranalternden Gesellschaft" und Ansatzpunkte aktiver Politik – mit einer Fallstudie zur Mittelstadt Speyer. 1996.

Band 67 Bettina von Harder: Die Interdependenzen zwischen Währungsunion und Politischer Union in der Europäischen Union des Maastrichter Vertrages. Ökonomische Funktionsbedingungen – nationale Souveränität – Integrationsautomatismus. 1997.

Band 68 Antje Blöcker / Ulrich Heyder / Birgit Mangels-Voegt (Hrsg.): Die Reformfähigkeit von Staat und Gesellschaft. Festschrift für Klaus Lompe zum 60. Geburtstag. 1997.

Band 69 Yvette Gerner: Die Europäische Union und Rußland. Unterstützung der EU für die Transformationsprozesse in Rußland am Beispiel des technischen Hilfsprogramms Tacis. 1997.

Band 70 Michael Haus: Demokratischer Kommunitarismus: Michael Walzers politische Philosophie. 1998.

Band 71 Uta Devries: Amnesty International gegen Folter. Eine kritische Bilanz. 1998.

Band 72 Katja Thimm: Die politische Kommunikation Jean-Marie Le Pens. Bedingungen einer rechtspopulistischen Öffentlichkeit. 1999.

Band 73 Ja-Sook Park: Transformation in einem geteilten Land. Vom marxistisch-leninistischen System der DDR zum freiheitlich-demokratischen System der BRD. 9. November 1989 bis 3. Oktober 1990. 1999.

Band 74 Dirk Frenzel: Kulturelle Eye-dentity. Die Kulturpolitik der EU am Beispiel der Filmförderung. 1999.

Band 75 Stefanie Virginia Gerlach: Staat und Kirche in der DDR. War die DDR ein totalitäres System? 1999.

Band 76 Micha Hörnle: What's Left? Die SPD und die British Labour Party in der Opposition. 2000.

Band 77 Jörg Knieling: Leitbildprozesse und Regionalmanagement. Ein Beitrag zur Weiterentwicklung des Instrumentariums der Raumordnungspolitik. 2000.

Band 78 Maria Behrens: Staaten im Innovationskonflikt. Vergleichende Analyse staatlicher Handlungsspielräume im gentechnischen Innovationsprozeß Deutschlands und den Niederlanden. 2001.

Band 79 Esther Bettina Neunreither: Die Interessenvertretung der Regionen bei der Europäischen Union. Deutsche Länder, spanische Autonome Gemeinschaften und französische Regionen. 2001.

Band 80 Barbara Renne: Die Europäische Wirtschafts- und Währungsunion zwischen Anspruch und Wirklichkeit. Ist die EWWU des Maastrichter Vertrages ziel- und funktionsadäquat verfaßt? 2001.

Band 81 Joachim Piehl: Machtwechsel 1982. Handlungsbedingungen und Regierungstätigkeit in zentralen Politikfeldern in der Ära der sozial-liberalen Koalition. 2002.

Band 82 Robert Weimar/Guido Leidig: Evolution, Kultur und Rechtssystem. Beiträge zur New Political Ecology. 2002.

Band 83 Natascha Füchtner: Die Modernisierung der Zentralverwaltung in Großbritannien und Deutschland. Strategien konservativer und sozialdemokratischer Regierungen. 2002.

Band 84 Birgit Mangels-Voegt: Kooperative Steuerung in einer diskursiven Umweltpolitik. 2002.

Band 85 Manfred Bitter: Strukturveränderungen auf der mittleren staatlichen Verwaltungsebene der Länder. Der rheinland-pfälzische Weg der Verwaltungsmodernisierung. 2004.

Band 86 Tobias Bräunlein: Integration der Gesetzesfolgenabschätzung ins Politisch-Administrative System der Bundesrepublik Deutschland. 2004.

Band 87 Timo Freudenberger: Indiens Föderalismus und Ökonomie im Umbruch. 2005.

Band 88 Bernd Sondermann: Parteienfamilie ohne Zusammenhalt? Programmatische Gegenreden von CDU, CDA und Tories auf die neue Sozialdemokratie. 2006.

Band 89 Charles Philippe Graf Dijon de Monteton: Die „Entzauberung" des Gesellschaftsvertrags. Ein Vergleich der Anti-Sozial-Kontrakts-Theorien von Carl Ludwig von Haller und Joseph Graf de Maistre im Kontext der politischen Ideengeschichte. 2007.

Band 90 Matthias Bohnet / Henning Hopf / Klaus Lompe / Herbert Oberbeck (Hrsg.): Wohin steuert die Bundesrepublik? Einige Entwicklungslinien in Wirtschaft und Gesellschaft. 2007.

Band 91 Annika Kropf: Oppositionsbewegungen im Libanon. Zwischen Systemerhalt und Systemveränderung. 2007.

Band 92 Thorsten Winkelmann: Cross-border-Leasing. Ein kommunales Finanzierungsinstrument. 2007.

Band 93 Raul Jordan: Konfrontation mit der Vergangenheit. Das Medienereignis *Holocaust* und die Politische Kultur der Bundesrepublik Deutschland. Eine qualitative Inhaltsanalyse der Zuschauerpost an den WDR. 2008.

www.peterlang.de

FSC
www.fsc.org
MIX
Papier | Fördert gute Waldnutzung
FSC® C083411

Kolibri 360 GmbH
Ferdinand-Jühlke-Straße 7
99095 Erfurt, Deutschland
produktsicherheit@kolibri360.de

Druck:
CPI Druckdienstleistungen GmbH
im Auftrag der
Kolibri 360 GmbH
Ferdinand-Jühlke-Str. 7
99095 Erfurt